入社 1 年目からの必須スキルが

Excel 仕事のはじめ方

1冊でわかる

HOW TO START
EXCEL
FOR BUSINESS

古川順平

JN077718

技術評論社

Excelは便利だが
できることが多すぎる

　本書は、Excel を使って何ができるのか、その考え方と考え方に沿った操作方法、そして、その際に意識しておくと、より便利に活用できるコツをご紹介する本です。

　ビジネスの場では、いったん自分の持っている情報を整理し、「今、どういう状態なのか」を誰かに伝えたり、把握したい場面が多々あります。

　また、そこから一歩進んで、「現状からどう進みたいのか、どう進めば目標とする状態にたどり着くか」の筋道を示したり予想したりと、「どう動いてほしいのか」「どう動けばいいのか」を示したい場面もあるでしょう。

　そういった際に有効な手法が、手持ちのデータを書き出して表に整理したり、グラフを作成して眺めたりといった手法です。

　また、ビジネスの場だけではなく日々のくらしのなかでも、「さて、何かはじめよう」とした際や、「あれをやるには何が必要で、現状どんなだったかな」と整理整頓する際には、手持ちのデータを整理できると、どんなことをすればいいのかのヒントになりますね。

　どちらにも共通するのは、手持ちのデータの整理です。データを整理するためには、書き出して考えてみるのが一番です。つまり、表計算アプリの出番なのです。

　本書でご紹介する Excel は、言わずと知れた代表的な表計算アプリです。ビジネスの場だけでなく、PC を扱う人であれば一度は目にしたり、実際に使用してみた方も多いことでしょう。

　Excel の得意な分野は、まさに、手持ちのデータの整理です。データの入力から作表、グラフ化、計算や集計など。さらには、データを集めてお

き、必要な際にデータを検索したり、取り出すための機能も充実しています。ビジネスの場面や日々のくらしの場面など、さまざまな場面で本当に役に立ってくれる自由度の高いアプリ、それが Excel です。

しかしひとつ問題点があります。Excel は便利なのですが「できることが多すぎる」アプリでもあります。いろんなことができてしまうため「たくさんのことを覚えなくてはいけないのでは」という先入観を持ち、敬遠する方も出てきます。これは、非常にもったいないのです。使える個所だけ使い、使わない機能は使わなくても十分便利なのです。

また、非常に機能が多彩なので、そのなかには「知っていればもっと楽に作業ができた」「困っている問題に使えそうな機能があったのに、調べるのが面倒で知らなかった」というケースも多々あります。これももったいないですね。

そこで本書では、Excel を使えば、どんな考え方でデータを整理できるのか、そして、その考え方に対応する機能はどれなのか、という基本的な使い方の説明から、「こういう点に気を付けておくと、さらに見やすく、分かりやすくなりますよ」というコツの紹介に加え、「この機能がかなり便利」というお勧め機能のご紹介までをざっと網羅しています。

初めて Excel を使う方はもちろん、すでに Excel を使っている方にも、「こういうしくみになっているんですよ」「こういうことを意識しながら使うようにすると、もっと効果的に、そして、快適に使えるようになりますよ」という情報をご提供できるよう、まとめてみました。

本書でご紹介した考え方やノウハウは、Excel はもちろんのこと、他の表計算アプリやデータベースを扱う際など、さまざまな手持ちのデータを活用したい場面全般でもお役に立てるかと思います。

それでは、はじめていきましょう。本書の内容が少しでも、皆様の日々の作業や生活に役立つことがあれば、著者としてはうれしい限りです。

2024 年 3 月 富士山麓にて。 **古川 順平**

目次

1章 Excelの使い道と基本操作

Excelで何ができるのか

表やデータの基本単位は「セル」

たったこれだけ！計算式を作成する基本

なぜExcelの機能は「リボン」で整理されている?

ブックの保存と作業の再開

2_章 見やすくて使いやすい 表を作るテクニック

2-1 見やすい表ってどんな表?

2-2 表を「見やすくする」5つのポイント

2-3 表を「使いやすくする」5つのポイント

2-4 使いにくい表を作成しないように注意!

3章 計算は必ずExcelにやらせる

3-1 関数はExcel最大の便利機能

3-2 計算に使う定番の関数と基本的なしくみ

3-3 関数はグループ分けにも使える

3-4 関数は表をきれいに保つためにも使える

4章 入力が加速するショートカット

4-1 なぜ最初にすばやく入力する方法を覚えるのか

5章 「ワークシート」で表を上手に管理する

5-1 「ワーク」シートは「作業用」シート

6章 表の印刷・配布に使えるテクニック

7章 データベースの基本ルールと作り方

7-1 「データベース」で可能になる集計・分析とは?

7-2 「テーブル機能」でExcelにデータベースを作らせる

7-3 大量のデータを扱うときはルールを決めておく

8章 データベースからの検索と抽出

8-1 目的のデータを見つけるための4つの手段

8-2 「並べ替え」のコツと注意点

9章 グラフの見せ方と作り方

9-1 データの傾向を分かりやすくするにはグラフを使う

9-2 見やすいグラフを作成する3つのポイント

9-3 注目したい項目によってグラフの種類を選ぼう

10章 Excelの機能をもっと使い倒す

10-1 データベース作成で頼りになるPower Query

10-2 複数要素で分析・集計したいならピボットテーブル

10-3 マクロ機能でExcelを自動化

1章

Excel の
使い道と
基本操作

さあ、Excelの学習をはじめましょう。
なぜExcelは世界中で広く利用されているのでしょうか。
どんな用途に使われているのでしょうか。
まずはその魅力と基本的な操作を見ていきましょう。

Excelで
何ができるのか

その1：表やグラフを作って情報を整理できる

Excel は「表計算」アプリに分類されます。「表計算」アプリの優れている点は、その名のとおり、「表」と「計算」の作成が簡単にできる点です。

表は、情報の把握・整理、そして伝達に有効な形式です。例えば、図1は試験の点数を表にまとめ、グラフに表わしたものです。試験の点数を一覧表形式にまとめ、さらに集計を行い図示したことで、試験結果をコンパクトにまとめ、ひと目で把握・整理できるようになっています。

●図1　Excelの表を使うと状況の整理が簡単

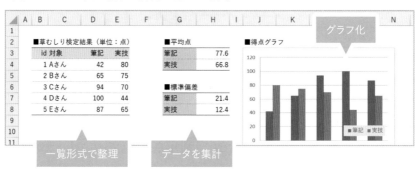

とくにビジネスの場では、情報の整理が大切です。誰かに情報を伝える場面では、「今回の試験は、筆記試験が実技試験より難しかったみたいです」と、ばく然と伝えるよりも、図1のように表にまとめ「筆記の平均点が77点、実技が66点でした」とした方が、明確になりますよね。

さらに、一歩進み、「だから実技の時間を増やしましょう」など、行動や決断を促したい場合にも、表が説得力を上げるツールになってくれます。**きちんとした表が作れるというのは、それだけで強みになるのです。**

　表は多くの場合、数字をはじめとしたデータを利用します。商品名や金額、販売数、さらには「『筆記＋実技』の点数が180点以上を合格としよう」といった意思決定の基準となる指標など。これらの数字は、データを集め、数え、計算して算出します。

　Excelは、こういった計算のもととなるデータの入力・管理から、加工・計算に便利な機能が豊富に用意されています。さらに表の作成も簡単です。

　ビジネスの場で有用な表の作成。そしてその表の作成に必要な計算。このふたつの作業を同じアプリ上で完結できるのがExcelの強みです。

●図2　入力→計算・集計→表作成→グラフ化までExcelだけでOK

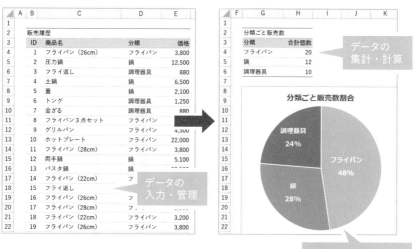

　Excelを使った表の作成には、ちょっとしたコツがあります。**見やすい表は、数値の意味が自然と頭に入り、状況の把握や整理に役立ちますが、**見にくい表は、意味がなかなか理解できず、結果として意図が伝わりません。これでは本末転倒になってしまいます。

　そこで本書では、2章でそのコツをご紹介します。難しいテクニックは不要。簡単な考え方やルールを決め、見やすい表を作っていきましょう。

その2：「数式」を使って「自動計算」のしくみが作成できる

　Excel にはさまざまな計算を楽にするしくみ、そして、計算を使いまわしたり自動計算できるしくみが用意されています。

計算したい項目を流れに沿って計算できる

　Excel を使った計算の特徴は、**流れに沿って目的の計算を行える**点です。例えば、「特定地域の店舗調査業務」を受けた際に、「ひとり当たりの担当する調査店舗数は何店舗なのか」を計算したいとします。この場合、まず、図3のように手持ちの情報をざっと書き出します。そして、知りたい情報も書き出してしまいます。

●図3　手持ちの情報と知りたい情報をざっと書き出す

　続いて、実際の計算を行います。計算の多くは「**どの場所（セル）のデータを、どう計算するのか**」を「**数式**」として記述します。

　次ページの図4では「調査日数」を計算するため、「セル C3 の日付から、セル C2 の日付を引く」という計算を「=C3-C2」という数式として入力しています。数式をセルに入力して Enter キーを押すと、すぐに計算が行われ、計算結果が表示されます。

　このように、「知っているデータがこれだから、こう計算して、こういう答えが分かった」という流れに沿って、目的の計算が実行できます。

●図4　セルの値を数式に使って計算する

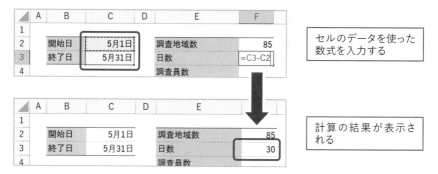

セルのデータを使った
数式を入力する

計算の結果が表示さ
れる

　また、作成した数式は「どのセルのデータを使うか」という内容になっています。そのため、**セル側のデータを変更すれば、同じ計算方法で再計算してくれます**。「ふたつの日付を入れるだけで、日数計算してくれるシート」など、自動計算のしくみが簡単に作成できますね。

「関数」のしくみでよくある計算を簡単に実行

　よくある計算は、「関数」というしくみで簡単に計算できるようになっています。図5では「稼働日数」や「調査員数」の計算をそれぞれ専用の関数で計算しています。

●図5　関数を使って多種多様な計算が手軽にできる

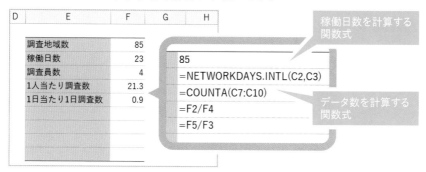

稼働日数を計算する
関数式

データ数を計算する
関数式

　関数は各種の計算方法に合わせたものが、500種類以上も用意されています。本書では、3章でくわしく数式や関数の利用方法をご紹介します。

その3：「データベース」を作って「分析や判断」の材料にする

Excelは足し算や引き算などの計算を行えるだけではありません。データをためておき、そのなかから必要なものを検索・抽出、そして集計して利用する、といった「**データベース**」**としての活用**も可能です。

データをシートにためておいて探し出す

図6ではExcel上に顧客のデータを一覧表として保存しています。このように蓄積したデータのなかから特定のものを検索したい場合には、[検索] 機能を利用すれば一発で検索できます。

●図6　ユーザー一覧から特定のデータを検索

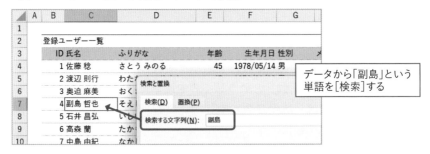

また、[フィルター] 機能を使えば、図7のように「20代男性のデータのみ抽出」など、注目したいデータのみを抽出できます。

●図7　ユーザー一覧から特定のデータを抽出

検索と抽出はデータベースの基本であり、使う機会の多い作業です。これができるだけでも、Excelにデータをためておく価値がありますね。

　集計・統計用の関数や、いわゆるクロス集計を行う［ピボットテーブル］機能を使えば、さまざまな視点からデータの集計・分析も行えます。

●図8　蓄積したデータを集計・分析する

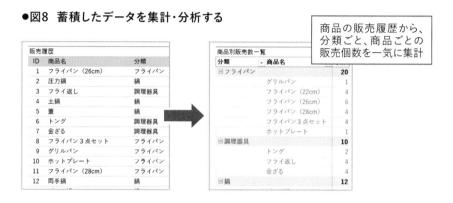

> 商品の販売履歴から、分類ごと、商品ごとの販売個数を一気に集計

　関数を利用した「表引き」のしくみも作成できます。図9では、「r-01」と商品コードを入力すれば、作成済みの表から「りんご」「120」と、対応する商品名と価格を自動入力するしくみを作成しています。

●図9　左の表からデータを表引きして右の表に表示するしくみ

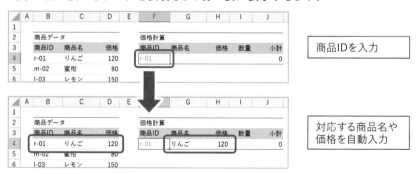

> 商品IDを入力

> 対応する商品名や価格を自動入力

　データベースとして利用する際には、「テーブル」形式でデータ管理するのがコツとなります。また、テーブル機能という、データをまとめて管理するのに特化した機能も用意されています。本書ではこのあたりのノウハウを、6章でくわしくご紹介します。

表やデータの基本単位は「セル」

セル単位でデータや数式、書式を管理

　Excel でデータを管理する基本的なしくみを見ていきましょう。Excel 画面は、左端（行方向）に数字が並び、上端（列方向）にアルファベットが並び、交差する位置にはマス目が並んでいます。このマス目を「セル」と呼び、Excel ではセル単位で値や数式を入力していきます。

●図10　Excelの基本単位である「セル」と「シート」

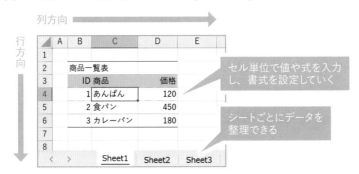

　図10では値の入力だけでなく、背景色を着けたり罫線を引いたり、幅を変更しています。こういった書式設定もすべてセル単位で行います。

　個々のセルは、列番号と行番号を組み合わせたセル番地で表し、「1 行目、A 列のセル」は「セル A1」となり、「6 行目、D 列」のセルであれば「セル D6」となります。

　また、セルは「シート」単位で管理されおり、新規シートを追加すれば、さらに利用できるセル数を増やせます。と、いってもシート全体のセルを埋めることはまれです。扱うデータを整理するために、別途シートを作成する、といった使い方になるでしょう。

セルへのデータの入力方法

　値の入力は、選択→セル内編集モード→確定の手順で進めます。矢印キー、もしくはマウスで操作対象としたいセルを選択すると、図11のセルB2のように緑色の太枠が表示されます。

　選択状態で任意のキーを押して値の入力を開始すると、図11のようにセル内の入力位置にカレットが表示される「セル内編集モード」に移行します。この状態でデータ入力をし終えたら、[Enter] キーを押せば入力が確定します。

●図11　選択→セル内編集モード→入力の確定

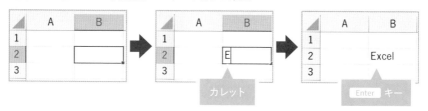

　セル内編集モードへの移行は、セルをダブルクリックしたり [F2] キーを押しても移行可能です。

　また、セル内編集モード中に [Esc] キーを押すと値の入力を取りやめ、セル内編集モード移行前の状態に戻ります。

キーボードによる操作がお勧め

　なお、お勧めな入力方法は、矢印キーで選択し、[F2] キーを押して入力へ移り、[Enter] キーで確定する、キーボード操作による入力です。

　マウス操作では太枠を誤ってクリックして、思わぬセルが選択されがちになりますが、キーボード操作であれば、この誤操作は起きません。

　また、データは表形式で扱うことが多いため、1セルずつ移動する矢印キーによる移動と相性がよいのです。キーボードから手を離さずに一連の入力作業ができるのは、**作業や思考の流れを妨げずにすばやくデータの入力や修正が可能**となり快適です。マウス操作派の方もぜひ一度、キーボード操作をお試しを。

セル範囲を選択して、まとめて値や書式を設定

　表を作成したり、データを一括削除やコピーする際には、複数のセルをまとめて一連のセル範囲として選択し、それから希望の操作を行うのが効率的です。そこで、セル範囲の選択方法を見てみましょう。

　最もシンプルな方法は、セル範囲のドラッグ、もしくは、[Shift]キーを押しながら矢印キーです。図12ではセルB2を起点として3行・3列分のセル範囲を選択しています。

●図12　セル範囲を選択するふたつの方法

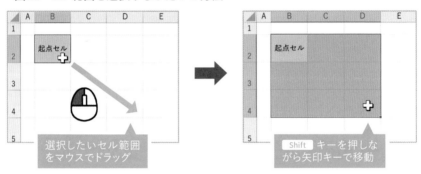

　キーボードの操作は、セルB2を選択後、[Shift]キーを押しながら→→↓↓と4回矢印キーを押します。この状態で書式の設定などの操作を行うと、操作が選択セル範囲全体に適用されます。

　なお、セル範囲のセル番地は、セル範囲の左上のセルと右下のセルを「:」でつないで表します。図12の場合は「セル範囲B2:D4」となります。

行見出し、列見出し、[全セル選択]ボタンを使った範囲選択

　行見出し・列見出しをマウスでクリックすると、その行・列全体を範囲選択します。この状態からさらにマウスでドラッグ、もしくは、[Shift]キーを押しながら矢印キーを押すと、複数行・列全体をまとめて範囲選択できます。

　行・列全体の範囲選択は、表全体に対する操作の起点になります。例え

ば「特定列の書式を3ケタ区切り・右寄せに統一」「行全体を削除」「表の途中に行・列を挿入」「セルの高さや幅を変更」など、この手の操作を行う際には、まずは行・列単位で範囲選択していきましょう。

図13ではそれぞれ2～6行目の行見出し、B～D列見出しを利用することで、2～6行全体、B～D列全体を範囲選択しています。

●図13　行・列全体を選択

さらに選択範囲を広げ、シート全体のセルを選択したい場合には、シート左上の［全セル選択］ボタンをクリックします。

図14では、［全セル選択］ボタンをクリックしてシート内の全セルを選択し、その状態でフォントを「メイリオ・太字」に設定しています。

●図14　［全セル選択］ボタンを使ってシート全体の書式を設定

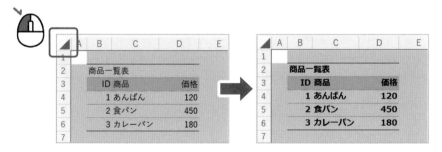

範囲選択は意外と奥が深く、ショートカットキーによる選択方法が多数用意されています。マスターするとかなり作業効率が上がります。本書では4章（P.122）にてくわしくご紹介しています。あわせてご覧ください。

入力したデータを消去する

　データの消去は、セルを選択して `Delete` キーを押します。このとき、書式はそのままでデータのみが消去されます。いったん表を作成すれば、表の書式はそのままでデータのみを書き換えることも簡単にできるわけですね。図16ではセル範囲C4:E5のデータのみを消去しています。

●図15　値のみ消去

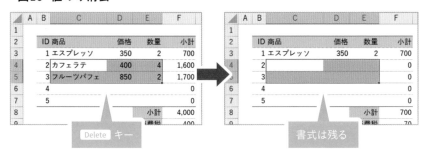

　単一セルを選択していればそのセルのみが、セル範囲を選択している場合にはそのセル範囲の内容がまとめて消去されます。

書式もまとめて消去する

　書式も消去したい場合には、リボンの［ホーム］-［編集］-［クリア］ボタンをクリックします。すると、図17のメニューが表示され、選択セル範囲に対してさまざまな方法の消去を実行できます。

●図16　［クリア］メニューで消去方法を選択

よく使うのは以下の3つのメニューです。

すべてクリア	データと書式の両方を消去
書式のクリア	書式のみを消去
数式と値のクリア	データのみを消去（Delete キーと同じ）

　とにかくセルをまっさらな状態にしたければ「すべてクリア」を選択し、作成した表のデータのみを残したい場合には「書式のクリア」を選択します。図17では、表の部分の書式のみを消去しています。

●図17　書式のみを消去して値や数式は残す

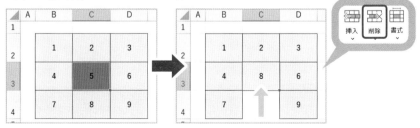

消去ではなく削除する

　入力した内容をセル単位で「削除」することも可能です。消去との違いは、削除後に周りのセルが「詰められる」ことです。図18ではセルC3を選択し、［ホーム］-［セル］-［削除］ボタンをクリックしたところです。

●図18　［削除］ボタンでセルを削除する

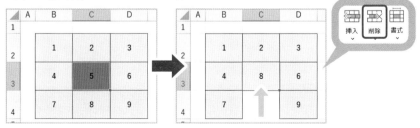

　セルC3が削除され、セルC4が詰められているのが確認できますね。

また、詰められる方向を指定したい場合には、［削除］ボタンの下のオプションボタンをクリックします。すると、図19のようにオプションメニューのダイアログが表示されます。

●**図19　［削除］ダイアログで詰められる方向を指定する**

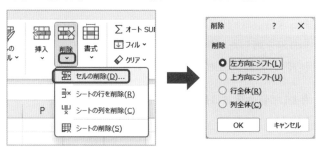

　ここから［左方向にシフト］を選択して［OK］ボタンをクリックすれば、削除後のセルが左方向に詰められます。図20では、［左方向にシフト］オプションでセルC5を削除した結果です。

●**図20　［削除］ダイアログで指定した左方向に詰められた**

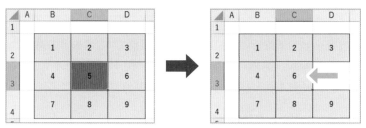

　単一セルではなく、セル範囲をまとめて削除したい場合には、セル範囲を選択して［削除］ボタンをクリックしましょう。

行・列全体を削除する

　表の一部を詰めたい、という場合には行全体や列全体を削除するのがお手軽です。方法は簡単で、行・列見出しを使って範囲選択後に、［削除］ボタンをクリックするだけです。

図21では5～9列を範囲選択し、[削除]ボタンをクリックしたところです。既存の選択した行全体が削除されているのが確認できますね。

●図21　複数行をまるごと削除

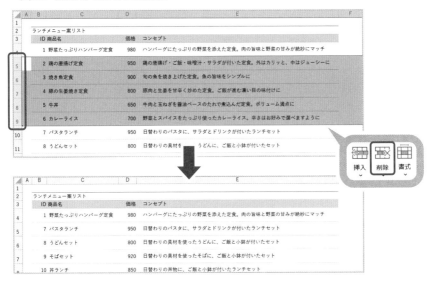

行・列単位での削除は詰められる方向は自然と決まってきますので、オプションメニューは表示されません。

Excelでは**表形式でデータを管理する**ことが多いため、**行・列単位で操作したい機会が非常に多く**あります。セル単位で作業すると、どうしても「うっかり3列目だけ消し忘れていた」「4行目だけ書式設定が残っていた」などのケアレスミスが発生しますが、行・列単位で操作を行うクセを付けておくと、こういったミスは防げます。見出しを使った選択方法は簡単ですし、確実性も上がります。ぜひ覚えておきましょう。

さて、ひととおり基本的なデータ入力・消去方法をご紹介しましたが、実はもっと便利にすばやく作業できる機能も豊富に用意されています。コピーやオートフィルといったそれらの機能は、本書では4章（P.130）でくわしく解説しています。あわせてそちらもご覧ください。

たったこれだけ！計算式を作成する基本

計算式は「＝」からはじめる

　さあ、お待ちかねの計算式の話をしましょう。表計算アプリのキモといえば計算ができる点です。Excel ではセルに「＝（半角イコール）」から入力を行うと「数式」と見なされます。数式が入力されたセルには、その計算結果が表示されます。

　例えば「＝10 + 20」とすべて半角で入力して Enter キーで確定すると、計算結果である「30」が表示されます。

●図22　イコールから入力をはじめると「式」と見なされる

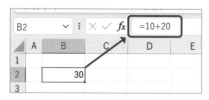

　数式が入力されたセルを選択し、セル内編集モードにすると、再び数式が表示され、確認・編集できます。

いつでも式を確認・編集できる数式バー

　また、シート上部の「数式バー」には、アクティブなセルの数式が表示されます。ここから確認・編集することも可能です。

●図23　数式バーにはアクティブなセルの数式が表示される

図23を見ると、セルB2には「30」と計算結果が表示されていますが、数式バーには「＝10+20」と数式が表示されていますね。

　また、数式バーでは、数式の編集も可能です。込み入った数式であったり、セルの位置によっては、セル内編集モードで編集しようと思っても見づらい場合があります。そんな場合には数式バーで確認・編集しましょう。

●図24　数式バーで式を入力・編集できる

足し算、引き算などを行う「演算子」

　数式内では算数で習ったのと同じように、「+」や「-」などの記号を使った計算が可能です。計算の種類を表す記号を演算子と呼びますが、Excelでは以下の表の6つの演算子を計算に利用できます。

●数式で利用できる算術演算子

計算の種類	演算子	数式の例	計算結果
足し算	+	=30+15	45
引き算	-	=30-15	15
掛け算	*	=30*15	450
割り算	/	=30/15	2
べき乗	^	=2^4	16
パーセンテージ	%	=10%	0.1

　掛け算、割り算では「×」「÷」ではなく、「*」「/」を利用する点に注意しましょう。

セルに入力しておいた内容の「参照」とは?

数式にはセル参照が利用できます。セル参照とは、「どこかのセルの内容を利用するしくみ」です。数式のなかでセル番地を記述すると、その個所は「その時点でセルに入力されている内容」として計算されます。

図25では、「=C4*D4」とセルC4、D4を参照した数式を記述しています。計算結果を見ると、セルC4、D4の値が利用されていますね。

●図25　参照を使ってセルの値を計算する

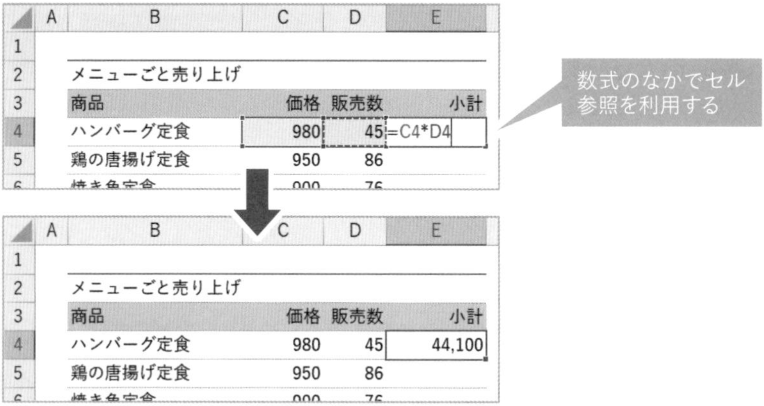

セル参照を入力する際には、キーボードで「C4」などと入力してもいいのですが、セル内編集モード中にマウス操作やキーボード操作で任意のセルを選択すれば、そのセルへの参照が自動入力されます。

図26の「=C4*D4」という式を例にとると、セルE4に「=」を入力後、⬅ キーを2回押してセルC4を選択します。この時点で数式には「=C4」と入力されます。その後「*」を入力し、⬅ キーを1回押します。これで「=C4*D4」と入力されるので Enter キーを押せば完成です。

セル参照は、直接入力するよりも選択による自動入力を利用した方が簡単で正確に入力できますので、 活用していきましょう。

また、数式内のセル参照には図25のように色が着けられ、参照先のセルには対応した色の枠が表示されます。分かりやすいですね。

　セル参照のしくみを知っていれば、計算に使う値を最初に書き出し、あとから「これとこれを使おう」と考えながら数式を作成できます。これだけでも十分便利ですが、**本領を発揮するのは数式をコピーしたとき**です。

　図 26 では、セル E4 に作成した「=C4*D4」という数式を下方向にコピーした結果です。

●**図26　数式をコピーすると一気に計算が完了する**

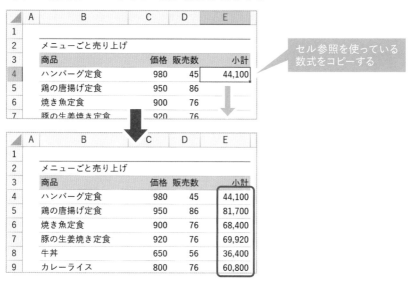

セル参照を使っている
数式をコピーする

　コピーしたセル範囲すべてで「価格」×「販売数」の計算結果が表示されていますね。実はセル参照は「数式の入力されているセルからの相対的な位置」として解釈されます。

　セル E4 に「=C4*D4」と入力した場合は「C4 と D4 の値を乗算」ではなく、「2 列左と 1 列左の値を乗算」と位置関係ベースで解釈されます。

　この数式をコピーすると、コピー先でも「2 列左と 1 列左の値を乗算」と解釈され、セル E5 では「=C5*D5」、E6 では「=C6*D6」... と自動的に参照セルが変更された数式が入力されます。どれだけデータ数が増えても、参照を使った数式をコピーすれば完成です。便利ですね！

「参照セル」を変更する

　セル参照はいろいろな方法で入力・編集できるようになっています。それぞれを試してみて、しっくりくる方法を選んで利用してください。

マウスでそのつど選択

　最もポピュラーな方法はマウスによる選択です。セル内編集モード時にマウスでセルやセル範囲を選択すると、参照が数式側に入力されます。

●図27　マウスで選択したセル範囲が数式に入力される

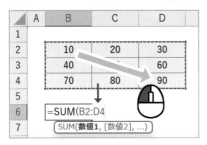

矢印キーと Shift キーでそのつど選択

　数式入力中、参照式を入力したい位置にカレットがあるときに矢印キーを押すと、その方向のセルが選択され、参照が数式側に入力されます。

●図28　数式入力中にキーボードで選択する

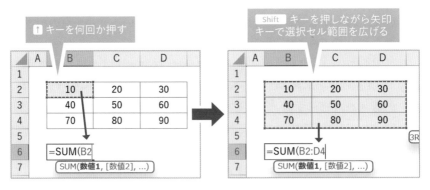

何回か矢印キーを押し、目的のセルを選択しましょう。また、[Shift]キーを押しながら矢印キーを押すと、選択セル範囲を広げられます。

枠をドラッグして選択

参照式では、参照セルに枠が表示されますが、この枠はマウスで操作可能です。枠をドラッグすれば同じサイズで参照セルの位置を移動し、四隅のハンドルをドラッグすれば参照セル範囲を変更できます。

●図29　枠をマウスで操作して選択する

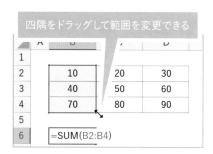

視覚的に参照セルを変更できるほか、数式をコピーしてきた際、「同じサイズで隣の列を参照したい」「あと10行分だけ広げたい」といった調整に非常に便利なしくみです。

キーボードで直接セル参照式を入力

マウスや矢印キーによる自動入力に頼らず、キーボードで直接入力します。参照したいセル範囲が広すぎるような場合、「A1:A30000」のようにキーボードで入力するのが一番簡単な入力方法になります。

それぞれの入力方法は、組み合わせての利用も可能です。

【Memo】矢印キーを押してもセル参照が入力されないときには

セル内編集モード時に矢印キーを押してもカレット位置が変更されるだけの場合には[F2]キーを押してから矢印キーを押してみましょう。参照セルの選択モードへと切り替わります。

絶対参照と相対参照

　セル参照はコピーすると自動的に変更されますが、変更されたくない場合もあります。図30では、金額と税率が入力されたセルを参照し、消費税額を計算しています。この数式を下方向にコピーすると、セルB3への参照も下方向にズレます。意図した計算と違ってしまいますね。

●図30　参照がズレるケース

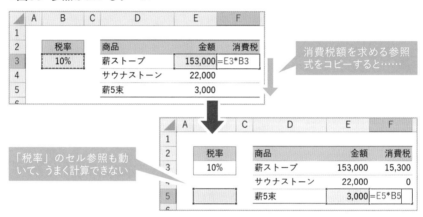

　これは通常のセル参照が、相対的な位置関係で計算する「相対参照」のしくみであるためです。相対的な位置関係でなく、「セルB3」ならコピー後も「セルB3」という絶対的な位置関係で計算したい場合は「絶対参照」の形式で参照式を記述します。

　絶対参照とするには、セル番地の行・列番号の前に「$」記号を付けて記述します。セルB3であれば「$B$3」と記述します。$記号は、行・列のそれぞれに付けられます。

参照式の例	参照方法
B3	相対参照。コピー時は位置関係で参照セルを変更
$B$3	絶対参照。コピー時も参照セルは固定
$B3	列のみ絶対参照。コピー時は列のみ固定
B$3	行のみ絶対参照。コピー時は行のみ固定

図31では「=E3*B3」という参照式を「=E3*$B$3」とセルB3のみを絶対参照に変更したうえで下方向にコピーしたところです。

●図31　絶対参照で参照セルを固定すればコピーしても動かない

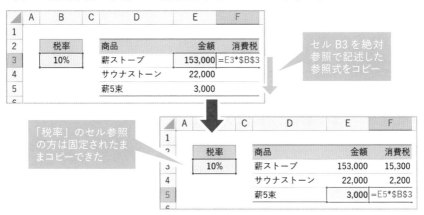

　すると、相対参照の「E3」の方はコピーした場所に応じて「ひとつ左」のセルを参照する式に変更され、絶対参照の「$B$3」の方はセルB3を参照したままになります。これで意図どおりに計算できました。

　参照式を入力する際、F4 キーを押すたびにカレットのある個所の参照方法を切り替えます。非常によく使う操作なので、必ずマスターしましょう。

●図32　F4 キーを押すたびに参照方法が切り替わる

　また、絶対参照と相対参照の使い分けに混乱する場合には、シンプルに**「動かしたければそのまま、動かしたくなければ絶対参照」の二択で考える**のがお勧めです。**多くの場合、動かしたくないのは固定値やリストとなるセル範囲**です。慣れてきたら、行のみや列のみの絶対参照にもチャレンジしてみましょう。

数式をまとめて入力する方法

　オートフィル機能を使うと、値や数式の入力がかなり楽になります。使い方も非常に簡単、セルを選択時に表示される枠の右下にあるフィルハンドル（マーク）をドラッグするだけです。ドラッグしたセル範囲全体に、起点としたセルの内容を一括コピーします。

　図33ではこのしくみを利用して、セルE4に入力された数式を下方向に一括コピーしています。結果として数式が一気に入力できました。

●図33　オートフィル機能でまとめて入力

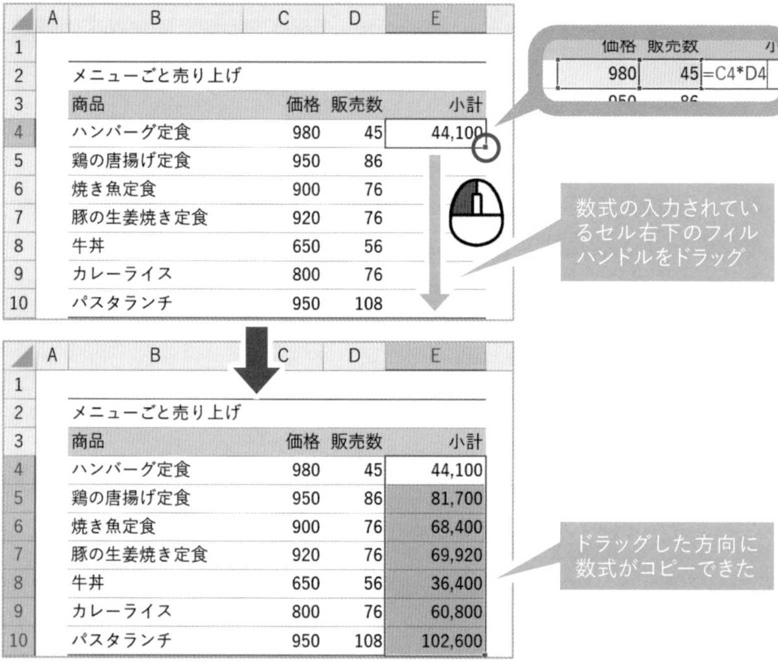

	価格	販売数	小
	980	45	=C4*D4
	950	86	

数式の入力されているセル右下のフィルハンドルをドラッグ

ドラッグした方向に数式がコピーできた

　また、フィルハンドルをダブルクリックすると、隣の列に入力されている内容に応じた位置まで一気にコピーします。マウスでドラッグするには大変な1,000行単位の表でも、最初の数式さえ入力すれば、残りはフィルハンドルをダブルクリックするだけで完成です。

なお、オートフィル機能でコピーするのは数式だけでなく、セルの書式も一緒にコピーされます。数式の内容のみをコピーしたい場合には、オートフィル後に右下に表示される［オプション］ボタンをクリックする操作などで、コピーする内容を細かく指定可能です（くわしくはP.131参照）。

（くわしくはP.131参照）

範囲選択と Ctrl + Enter キーでまとめて入力

　セル範囲を選択し、値や数式を Ctrl + Enter キーで入力すると、選択セル範囲に一括入力できます。数式を入力した場合は、コピーしたときと同じように、相対参照の参照式は入力先の位置関係に応じて自動的に変更されます。図34ではセル範囲F3:F5に数式を一括入力しています。

●図34　 Ctrl + Enter キーでまとめて入力

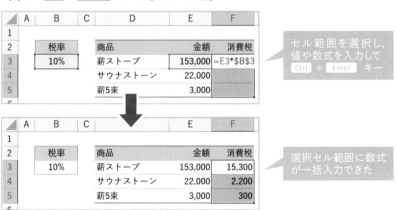

　 Ctrl + Enter キーによる入力は、同じ値をまとめて入力・修正する際にも便利です。希望のセルをまとめて選択してから、値を Ctrl + Enter キーで入力すれば、選択セルすべてに一気に入力されます。

【Memo】単一セルで Ctrl + Enter キーでその場入力

　単一セルに対して Ctrl + Enter キーで入力すると、値の入力後も選択セルが変更されない「その場入力」となります。セルの値をどんどん変更しながら関連する数式の結果を連続で確認する際などに便利です。

なぜExcelの機能は
「リボン」で整理されている?

リボンは機能ごとにタブで整理されている

　値と数式の入力・修正方法が分かったところで、各種機能を利用してい
きましょう。多彩な機能が画面上端の［リボン］にまとめられています。

●図35　リボンは分類ごとに整理されている

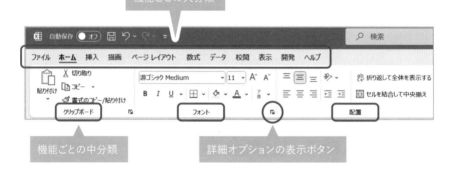

　リボンは図35のように、［ファイル］［ホーム］［挿入］……と機能の
種類に応じた複数のタブを持っており、タブをクリックするごとに、対応
した機能のボタンが表示されるように整理されています。

　さらに個々のタブ内は、縦の区切り線で分類されており、リボンの下端
には区切りごとの機能の中分類が表示されています。

　希望の機能を利用するには、まず、タブ名を見て当たりを付けて切り替
え、そのなかを探してみましょう。丸暗記するよりも簡単です。

　さらに、関連する機能は同じ中分類内にまとめられているため、ある機
能を探し出したら、その周りのボタンを見てみると、似た用途の機能が見
つかるようになっています。

このようにリボンは、「タブからありそうな場所をたどる」「周りのボタンを見ておく」という流れで目的の機能を探し当て、さらに、関連機能を知ることが効率よく行えるよう、整理されています。

●よく使うタブと集められている機能

タブ	集められている機能
ファイル	ブックを開いたり保存したりといった機能。印刷もここから行える
ホーム	セルのコピーや背景色・罫線の設定、書式設定などのベーシックな層に関する機能
挿入	図形やグラフ、ピボットテーブルなど、セルだけでは実現できないリッチなパーツに関する機能
ページレイアウト	印刷の設定関連の機能
数式	関数の辞書やチェック機能、名前付きセル範囲の管理など、数式に関する機能
データ	外部データの取り込みや分析関連の機能
表示	枠線や数式バーの表示、ウィンドウ枠の固定など、全体的な見た目に関する機能

詳細オプションの表示

中分類右端の ⤵ ボタンであったり、各機能のボタンにある ⌄ ボタンをクリックすると、その中分類や機能に対応したさらに細かな設定を行うためのペインやダイアログ（次トピック参照）が表示されます。

例えば［ホーム］–［クリップボード］欄の ⤵ ボタンをクリックすると、［クリップボード］ペインが表示され、クリップボードのクリアや貼り付けに関する追加操作が行えます。

【Memo】リボンは画面の幅によって表示形態が変化する

リボンは画面幅によって簡略表示されます。狭ければ狭いなりに、広ければ広々と表示されます。また、 Ctrl + F1 キーで展開／折りたたみを変更できます。

試して理解するリボンの機能

　リボンを使った操作を体験してみましょう。手順は、操作したいセル範囲を選択→リボンのボタンをクリック、となります。

　図36では、表の見出しとなるセル範囲B2:E2に対して、[塗りつぶしの色]ボタンを使って背景色を設定しています。

●図36　選択範囲に背景色を設定する

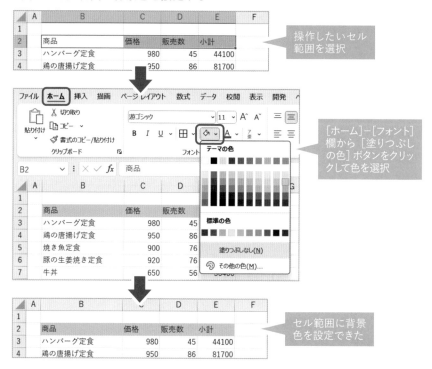

　オプションボタンで細かな設定も可能

　続いて、表全体に罫線を引いてみましょう。セル範囲を選択し、[ホーム]－[フォント]欄右下の 🡖 ボタンをクリックします。すると、図37のように［セルの書式設定］ダイアログが表示されます。

●図37　オプションボタンでダイアログを表示する

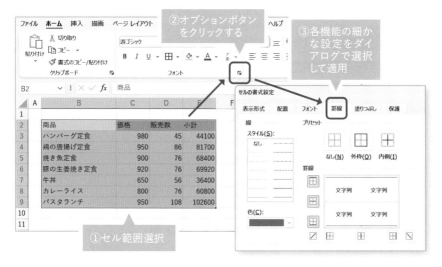

今回は［罫線］タブを選択し、［色］と［スタイル］を選択し、「上下に実線、内側に点線で横線」としてみました。同様にリボンを使って表示位置や書式、フォントなども整えられます（詳細はP.58参照）。

●図38　細かな書式設定ができた

このように、操作したいセル範囲を選択→リボンのボタンをクリック、そして、より細かな設定を行いたい場合はオプションダイアログを利用する、というスタイルで目的のセル範囲に対して、目的の操作を行えます。

また、各種機能にはショートカットキーが割り当てられているものもあります。本書ではP.150でご紹介しています。覚えておくとかなり操作効率がアップしますので、あわせてご覧ください。

「右クリック」の使いどころ

Excelでは右クリック、もしくは [Shift] + [F10] キーを押すと、現在選択されているものに対応したコンテキストメニューが表示されます。例えば、セル範囲を選択して右クリックすると、図39のようなコンテキストメニューが表示されます。

●**図39 セル範囲を選択して右クリックしたところ**

その時点で選択しているものに対応したメニューが表示される

コンテキストメニューには、選択されているものに対して行える操作がまとめられています。メニューの項目をクリック、もしくは、[↑][↓] など矢印キーで選択して [Enter] キーを押せば、その操作が実行されます。

「ここを操作したいな」「ここはどんな操作ができるんだろう」という場合には、リボン内の機能の位置やできる操作を把握していなくても、**とりあえずコンテキストメニューを見れば何ができるのかがざっと分かり、実際に操作も可能**です。

「迷ったらとりあえずコンテキストメニュー」というクセを付けておくと、

「ああ、そうだそうだ。この機能だ」「こんなこともできるんだ」と、希望の機能を見つける助けになるでしょう。リボンのボタン位置やショートカットキーがあいまいな場合に補助的に使っていきましょう。

「ここを操作したい」と直感的に作業できる

　コンテキストメニューに表示される操作・機能は、すべてリボン側にも用意されています。リボン側では機能ごとにタブで整理されていますが、それに対してコンテキストメニューは「ここで何ができるか」という視点で機能が整理されています。そのため、「**ここを操作したい**」という考えで直感的に目的の機能を探して実行できるようになっています。

　ここだけの話、リボンの機能を覚え、ショートカットキーで選択・実行する方が作業の速度が飛躍的にアップするのですが、覚えるまでの「つなぎ」としては十二分に活用できます。

●図40　行や列の削除や挿入もコンテキストメニューから実行できる

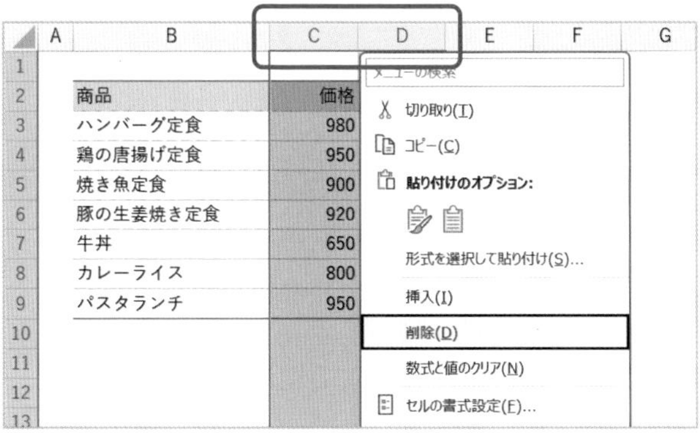

　また、あまり普段利用しない機能（例えば、図形やインク、コメントなどは人によってはほぼ利用しないでしょう）に関する操作を探す際などにも活用できます。

　何より、手軽で便利です。「迷ったらとりあえずコンテキストメニュー」という選択肢を覚えておくと、かゆいところで手が届く機能を見つけられるでしょう。

SECTION 1-5 ブックの保存と作業の再開

ブックの役割と作成方法

　Excel では「ブック」単位でデータを管理します。ブック単位での操作の多くは、リボン左端の［ファイル］タブを選択して表示される「バックステージビュー」画面で行います。

●図41　［ファイル］タブを選択して表示されるバックステージビュー

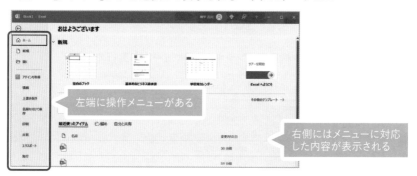

　バックステージビューは Excel のなかでは特殊な画面です。画面の左端に［ホーム］［新規］など、実行したい操作を選択するボタンがいくつか表示されています。メニューボタンをクリックすると、画面右側にメニューに応じた操作がさらに表示されるしくみになっています。もとの Excel の画面に戻るには、左上の ⊕ ボタンをクリックします。

　新規のブックを作成するには、バックステージビュー画面の［ホーム］、もしくは［新規］メニューから、［新規のブック］を選択します。すると、新規ブックの画面が表示されます。

　ひとつのブックには複数のシートを追加／削除でき、1 枚のシートごとにデータを整理しながら管理できるようになっています。

●図42 ブックの構成

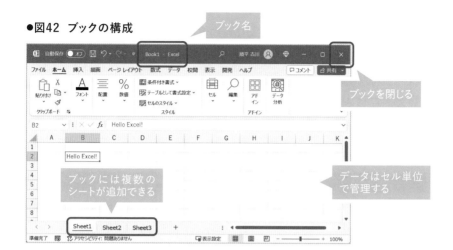

ブックを閉じるには画面右上の［×］ボタンをクリックするか、［ファイル］-［閉じる］を選択します。

ブック単位で必要なデータを整理する

ひとつのブックはその名のとおり、現実世界で言うと 1 冊の本のようなものです。関連する情報を「ブック」という単位でまとめ、そのなかには小項目ごとや章ごとに内容を整理するように、「シート」単位で管理できるようになっています。そして、具体的な内容は「セル」単位で記述できるようになっています。

現実世界での本がタイトルや章立てによって、「何が書いてある本なのか」「この章にはどんな内容がまとめられているか」が分かりやすくなるのと同じように、Excel のブックもブック名やシート名を通じて、「どんなデータを扱っているブックなのか」「どんな計算や役割のシートなのか」が分かりやすくなります。

個々の具体的なデータや計算をセル上で表にまとめるのが重要なのと同様に、全体としてのデータをどんな名前のシートに分けて整理し、どこまでをひとつのブックとしてまとめるのかという視点も重要になってきます。

本書ではシートの使い方に関する考え方を 5 章（P.157）にまとめています。そちらもあわせてご覧ください。

ブックを保存する

　入力内容を保存するには、バックステージビュー画面左端から［名前を付けて保存］メニューを選択します。すると、図43のような各種の保存に関連するメニューが右側に表示されます。

●**図43　［ファイル］－［名前を付けて保存］から保存**

　自分の保存したい場所にブックを保存するには、［参照］ボタンをクリックしましょう。［名前を付けて保存］ダイアログが表示されます。

　ダイアログではWindowsの［エクスプローラー］と同じ操作で、ブックを保存したいフォルダーを選択できます。フォルダーが選択できたら

［ファイル名］欄にブック名を入力し、［保存］ボタンをクリックすると、選択したフォルダー内に、指定した名前でブックが保存されます。

●図44　保存されたブック

　保存されたブックはExcelのブックであることを示すアイコンで表示され、拡張子の表示設定を行っている場合には「ブック名.xlsx」という拡張子で表示されます。

上書き保存と名前を付けて保存

　すでに保存済みのブックで作業を行い、その内容を保存したい場合にはバックステージビューの［上書き保存］を選択します。

名前を付けて保存	現在の内容を、指定した場所に新たなブックを作成して保存する
上書き保存	現在の内容を、既存のブックを上書きして保存する

　また、作業のバックアップを取りたいときなど、別ブックとして保存したい場合には、あらためて［名前を付けて保存］しましょう。

【Memo】上書き保存は Ctrl + S キー

　ショートカットキー Ctrl + S で作業中のブックを上書き保存できます。非常によく使う操作なので覚えてしまいましょう。また、未保存のブックに対して操作すると、保存ダイアログが表示されます。

保存したブックを開く

　保存したブックを開く操作もバックステージビューから実行します。左端メニューから［開く］を選択すると、図45のように各種のブックを開く操作がまとめられた画面が表示されます。

●**図45　ブックを開く**

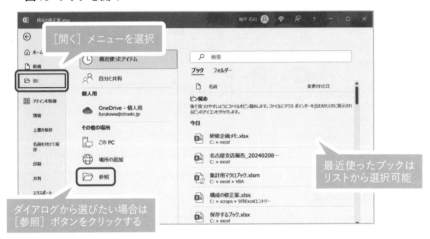

　任意の場所のブックを開きたい場合には、［参照］ボタンをクリックすると［ファイルを開く］ダイアログが表示されます。ダイアログからブックを選択し、［開く］ボタンをクリックすれば対象のブックが開きます。

●**図46　［ファイルを開く］ダイアログで開きたいブックを選ぶ**

また、バックステージビューの右側には、最近利用したブックがリスト表示されています。このリストから開きたいブックを指定して開くことも可能です。このリストが便利なのです。

　作業の続きをしたい場合には右端から探し、ない場合には［参照］ボタンをクリックして目的のブックを開けばいいわけですね。

エクスプローラーから直接開く

　Windowsの［エクスプローラー］などでブックを保存しているフォルダーを開き、ブックをダブルクリックすることで開くことも可能です。

●図47　エクスプローラーから開く

　ブックは複数を同時に開くことが可能です。操作対象とするブックを切り替えるには、［表示］-［ウィンドウの切り替え］ボタンをクリックし、ブックを選択すればOKです。

●図48　［ウィンドウの切り替え］ボタンでブックの切り替え

【Memo】**タスクバーでの切り替えもできる**

　操作対象ブックの切り替えは、Windows画面下のタスクバー上のアイコンボタンをクリックして切り替えることも可能です。

クラウド保存とローカル保存の違いとは?

　Windows 環境でオンラインストレージとして OneDrive を利用している場合、既定の保存先が OneDrive のフォルダーになります。

●**図49　未保存のブックで Ctrl ＋ S キーで上書き保存したところ**

OneDrive環境では、既定の保存先がOneDrive上のフォルダーになる

　OneDrive などのクラウドストレージは、

1.　ローカル PC の専用フォルダーにブックを保存
2.　クラウド上の専用ストレージにブックを同期（保存）

するしくみになっています。ローカル PC と同じ内容を、インターネットを通じたクラウド側にも保存することで、どこからでも保存したブックを使えるようになります。また、ローカル PC が故障した場合でも、クラウド側のブックだけは助かります。便利なしくみですね。

　ところで、どうやってローカルとクラウドのブックを同じ状態に保つのかというと、定期的に通信を行い、内容を比較して差分を加える操作を行っています（同期処理）。そのため、インターネット環境や同期のタイミングによっては、手もとのブックが最新の状態ではないこともあります。

　保存する際には、このしくみを踏まえて保存場所を選択しましょう。ローカル環境だけでこと足りる場合や、情報をクラウド側に上げたくない場合には、クラウド側を利用せずにローカル側に保存する運用もアリです。

2章

見やすくて
使いやすい
表を作る
テクニック

データを扱う際に意外と大切なのが「見やすさ」です。
見やすさはデータの整理や理解の大きな味方になるのです。
では、どうすれば見やすくなるのでしょう。
簡単なルールと対応する機能を見ていきましょう。

見やすい表って
どんな表？

表の見やすさは「ルール」と「慣れ」で決まる

　表は装飾に気を配ると格段に見やすくなります。図1はデータのみを入力した表と、それに装飾を加えた表です。内容は同じですが、装飾を加えた方がはるかに見やすいですよね。

●図1　書式設定の有無で見やすさが変わる

　見やすい表は扱っているデータの理解しやすさにつながります。 逆に、見づらい表は、表の構成を読み取ることに注力してしまい、肝心の内容が頭に入ってきません。

　データを見て、そこから情報を得たり意思決定を行うことが目的であるのに、そこにいたる前に「よく分からないからいいや」となってしまうのは困ります。**表を見やすく装飾するというのは、その手間に見合うだけの価値がある**のです。

ところで「見やすい表」とはどんな表でしょうか。せっかく表に装飾を行っても、かえって見づらくなる場合もあります。見やすい表との違いはなんでしょうか。

見やすさの根本として考えたい項目は、次表のふたつの視点です。

● 見やすさにつながるふたつの視点

「ルール」の視点	普遍的な視点 表のなかのデータの並べ方や書式に一貫性のあるルールが守られていると見やすい
「慣れ」の視点	個人的な視点 表のなかのデータの並べ方や書式が「いつもの表」と同じ形式であると見やすい

ひとつ目は「ルール」の視点です。「数字にケタ区切りがしてある」「数字がケタごとにそろっていて比較しやすい」「小計項目には背景色がある」など、**決まったルールを持つ表は、初めて見た表でも内容が把握しやすくなります。**この「ルール」視点は「誰が見ても見やすい表」という視点です。普遍的な「見やすい表」を目指す視点というわけですね。

ふたつ目は「慣れ」の視点です。「いつも見ているサイズ」「見慣れたフォント」「よく使う資料と同じ順番の項目」「業界標準の表」など、**普段から見慣れている表は、どこに何が書いてあるかを理解しているので内容が把握しやすくなります。**この「慣れ」視点は「個人や、チームにとって見やすい表」という視点です。見慣れた形式のカレンダーのように、他の人が見たら違和感を感じるかもしれませんが、自分にとって把握しやすい、個人的な「見やすい表」を目指す視点というわけです。

とくに「慣れ」の視点は大事です。「**最終的に、このブックは誰が見るのか**」「**モニタで見るか印刷して見るか**」などを考え、その人やチームにとって「**見やすい表**」の形式とは何なのかを考えましょう。と、同時に普遍的な「見やすさ」を組み合わせましょう。

そうやって作成した表が、見やすく、説得力を生む表になるのです。

最初にルールを決めておく

作表する際には、作りはじめる前に大まかなルールを決めておくのがお勧めです。Excelはさまざまに表を作成・装飾できる機能が用意されていますが、どれを利用して、どのように装飾するのかを決めておくのです。

具体的には、次表の5つの要素を決めておきます。

●あらかじめ決めておく要素の例

要素	内容
フォント	フォントの種類とサイズを決めておく
セル内の配置	左詰め、中央揃え、右詰め。データの種類によって配置を決めておく
セル内の余白	セルの内容に応じて、どれくらいの余白を設けるのかを決めておく
背景色	背景色をどこに設定するのか、どんな色で設定するのかを決めておく
罫線	罫線をどこに引くか、どの種類を引くかを決めておく

●図2 あらかじめルールを決めておき、そのルールに従って作表する

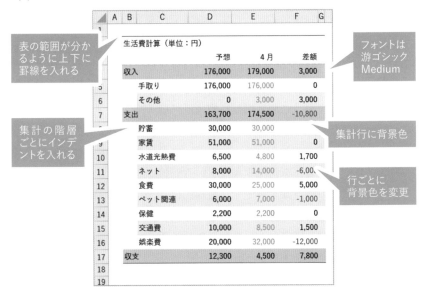

　最初に大まかなルールを決めておくことは、自分の環境にとっての「見やすい表」というものがどういう表なのかを考える時間を作ります。

　どのフォントであれば違和感がないのか、目が疲れにくいのか。数値の把握や比較が容易なのか。余白はどれくらい取るのか。罫線や背景色といった視覚的にデータを整理できるしくみを、どの場所に、どう使うのか。自分の業界の標準的な表はどういう形式が多いのか、などなど。自分やそのブックを使うチームや顧客にとって「見やすい表」を考えるのです。

●図3　どういったルールが「見やすい」かは環境によって変わる

	A	B	C	D
1				
2		残高試算表(単位：千円)		
3		勘定科目	借方	貸方
4		現金	2,800	100
5		売掛金	3,000	1,000
6		買掛金	1,100	2,000
7		資本金		1,900
8		売上		3,500
9		仕入	1,500	150
10		雑費	950	700
11		小計	9,350	9,350
12				
13				

	A	B	C	D
1				
2		残高試算表(単位：千円)		
3		借方	勘定科目	貸方
4		2,800	現金	100
5		3,000	売掛金	1,000
6		1,100	買掛金	2,000
7			資本金	1,900
8			売上	3,500
9		1,500	仕入	150
10		950	雑費	700
11		9,350		9,350

ふたつの表は
同じ内容だが、
人によって「見
やすい」形式
は異なる

　そしてルールを決めたら、ルールに従って作表します。あらかじめルールを決めておくことは、見やすい表が作成できるのはもちろん、作表時にやることが決まっているため、すばやく作表できるようになります。また、複数ブック間で表の様式統一も簡単になるため、全体としての表の見やすさ、理解しやすさにつながります。

　そしてもうひとつ。見やすい作表が成されているブックというのは、「このブックを作った人はきちんとしているな」と、信頼感を生みます。**見やすさ、分かりやすさに加え、信頼感を生むことにもつながる**のです。

　見やすい表を、迷いなくすばやく作成すれば、その分余剰の作業時間も捻出できます。その時間を使って、作表以外のデータの検証やブラッシュアップに注力することも可能になります。

［テーブル］機能を軸にルールを作成する

　見やすい表を作成すればよいことは分かったけれども、ルールや表自体を作るのが面倒。そういう場合には、［テーブル］機能を軸にルールや表を作成するというのも方法のひとつです。

　［テーブル］機能は、いわゆる表形式のデータを「テーブル」というひと固まりのデータとして扱えるようにする機能です。この機能には、書式の自動設定機能も含まれています。

　例えば、図4は表形式で入力されているデータです。このデータを［テーブル］に変換すると、それだけで図5のような書式が設定されます。

●図4　何も書式が設定されていない表形式のデータ

●図5　［テーブル］に変換すると、自動で書式設定される

　見出し部分が強調され、データ部分は罫線と背景色で1行ずつ判別しやすくなる書式が設定されていますね。また、［テーブル］機能には、あらかじめさまざまな書式（スタイル）が用意されています。スタイルを変更するには、リボンの［テーブルデザイン］タブから好みのものを選ぶだけです。

●図6　用意されたスタイルから「見やすい」ものを選ぶだけ

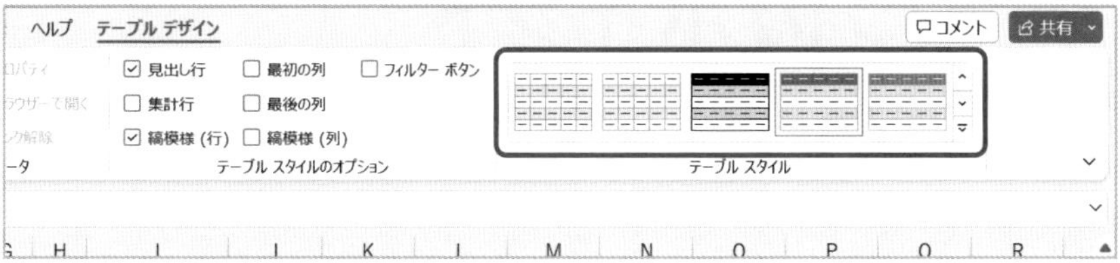

既存のスタイルのなかから「見やすい」ものを選び、そのスタイルをもとにさらに書式や表示形式、セル幅などを手直しし、作表していきましょう。

●図7　既存のスタイルをベースに、手直しして作表する

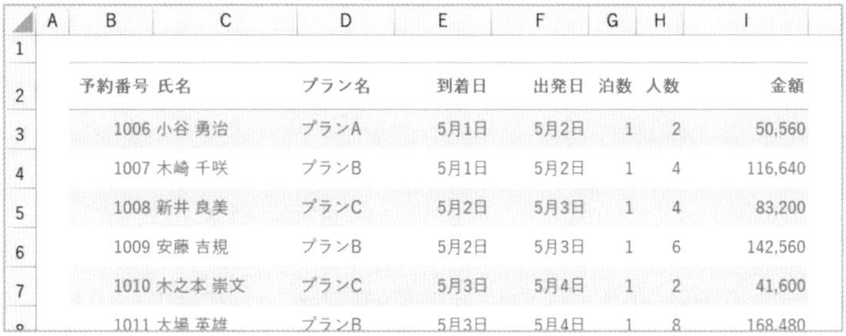

予約番号	氏名	プラン名	到着日	出発日	泊数	人数	金額
1006	小谷 勇治	プランA	5月1日	5月2日	1	2	50,560
1007	木崎 千咲	プランB	5月1日	5月2日	1	4	116,640
1008	新井 良美	プランC	5月2日	5月3日	1	4	83,200
1009	安藤 吉規	プランB	5月2日	5月3日	1	6	142,560
1010	木之本 崇文	プランC	5月3日	5月4日	1	2	41,600
1011	大場 英雄	プランB	5月3日	5月4日	1	8	168,480

図7は、スタイルを適用し、さらに手直しした表です。このように選んだスタイルと手直しした書式を「ルール」とし、そのルールを守って作表します。いちから考えるよりも簡単ですし、作業自体もスタイルを選択する個所の書式設定の手間がなくなります。

ぴったり好みの「見やすい表」になるかは微妙ですが、まだルールを作成していないのであれば「既存のスタイルに慣れていく」アプローチもアリでしょう。それでも、書式がバラバラで見にくい表になってしまうよりは、ずいぶんと見やすくなるはずです。

【Memo】［テーブル］機能の操作

テーブル範囲への変換方法や機能に関しては、6章（P.202）でくわしく解説しています。

表を「見やすくする」5つのポイント

1. フォントで整理する

　見やすい表を作成するための、5つのポイントを個別に見ていきましょう。まずはフォントです。

　フォントの種類は何にするのか、サイズはいくつにするのか。これが表づくりの起点となります。

●図8　フォントによる見やすさの違い

游ゴシック	Excelで表を作成する際のフォントの違い
MS Pゴシック	Excelで表を作成する際のフォントの 違い
メイリオ	Excelで表を作成する際のフォントの違い

　フォントの種類を決めるポイントは、表の内容に沿った雰囲気かどうか、そして、最終的に誰がどんな環境で見るのか、です。

　ビジネスの場ではフォーマルな雰囲気を、明るい告知やプレゼンの場では、カジュアルな雰囲気を、と内容に合ったもののなかから読みやすいものを選びましょう。

　また、**表を見る人がそのフォントに慣れているのか、も大きなポイントになります。**とくに、定期的に作成する報告書などの資料においては、以前と同じフォントであれば違和感が起きませんが、異なるフォントを使うととたんに読みづらくなります。この場合は、フォントのきれいさよりも「慣れ」を優先した方がベターです。

　よく使われるフォントは次表の3種類です。

●よく使われるフォントと特徴

游ゴシック	Excel 2016以降の標準フォント。フォーマルな雰囲気で見慣れている人が多い。解像度によっては細くにじんで見えることもあるため、ひとつ太い「游ゴシック Medium」にすることも。
MS Pゴシック	Excel 2013以前の標準フォント。エッジがくっきりとしており、低解像度でもはっきり見える。拡大／縮小時の見栄えが大きく変わる。昔からExcelを利用している人に人気がある。
メイリオ	Windows環境で標準採用されているフォント。 カジュアルな内容の表によく使われる。

　なお、同じフォント設定でも、異なるモニタで見たときや印刷時には印象が変わります。最終的にPCで見るのか、印刷して紙で見るのか、などの環境に応じて、その環境下で「読みやすく」「慣れている」ものを選びましょう。

［全セル選択］ボタンを使ってまとめて設定が基本

　シート内のフォントをまとめて設定するには、シート左上の［全セル選択］ボタンをクリックしたうえで、［ホーム］タブ内でフォントを指定します。

●図9　全セルを選択してシートのフォントをまとめて設定

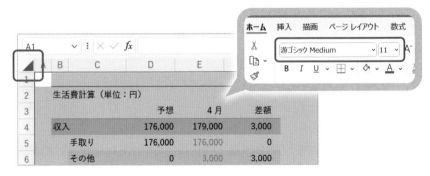

　また、毎回フォントの設定を行うのが面倒であれば、あらかじめ任意のフォントを既定のフォントとして設定することもできます。

［ファイル］−［オプション］から［Excel のオプション］ダイアログを表示し、左端の［全般］タブ内にある「新しいブックの作成時」欄で、[次を既定フォントとして使用]ボックスからフォントを選択します。すると、以降、新規ブック作成時には選択したフォントが既定のフォントとなります。

●図10　あらかじめ既定のフォントを変更しておく

　なお、既定のフォントを変更すると、セル幅や高さの基準が、選択フォントをもとに再計算されます。これは、セル幅の単位は「既定のフォントで数値の『0』がいくつ入るのか」というルールで作られているからです。
　つまり、既定フォントが游ゴシックか MS P ゴシックかどうかで、同じセル幅「10」でも、その幅は変わってきます。既定フォントを変更すると、見た目がガラッと変わるのはそのためです。**既定フォントの設定は、他の書式に先駆けて行っておくのが大切**なのです。

環境によって見え方が違う場合の要因
　同じフォント設定でも、異なる PC で見たときや印刷時に大きく印象が変わることがあります。その要因となるのが、PC ごとのディスプレイや、Excel での拡大／縮小の設定です。
　Windows では、図 11 のように、ディスプレイごとに解像度と拡大／縮小の設定ができます。また、Excel でも画面右下の表示倍率ボタンなどで拡大／縮小の設定が可能です。この組み合わせによりフォントの印象が大きく変わります。

●図11 フォントの大きさや見た目の印象を変えるふたつの設定

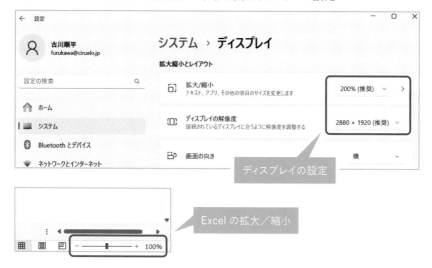

　とくに、古いフォントである MS P ゴシックは拡大／縮小設定の影響を受けやすく、太く見えたり細く見えたりします。画面上での印象と印刷時の印象も差が生まれます。自分の PC では見やすかったのに、発表時に利用する PC や客先の PC では見づらくなってしまう場合もあります。

　フォントを決める際には、最終的に PC で見るのか、印刷して紙で見るのか、誰の PC で見るのか、拡大／縮小の設定はどうなのか、どのプリンターで印刷するのか、などの環境に応じて、その環境下で「読みやすく」「慣れている」ものを選びましょう。

【Memo】游ゴシックとMS Pゴシックの特徴

　人気があるフォントである游ゴシックと MS P ゴシックの特徴をざっくりと言うと、游ゴシックは「高解像度環境下でもきれい」、MS P ゴシックは「低解像度でもはっきり」です。コンセプトが異なるわけですね。

　また、游ゴシックは長時間見続けていても目に優しいよう、文字にフチ取り部分が設けられています。これが環境によっては薄くにじんだように見え、「薄くて見にくい」とされることもあります。その場合は、1 段階太いフォントである「游ゴシック Medium」を選ぶのがお勧めです。

2. 余白で整理する

　フォントの次は余白です。図12のように適切な余白を設けると、ごちゃっと詰まった印象がなくなり、見やすくなります。

●図12　余白を設け、そろえることで表を見やすくする

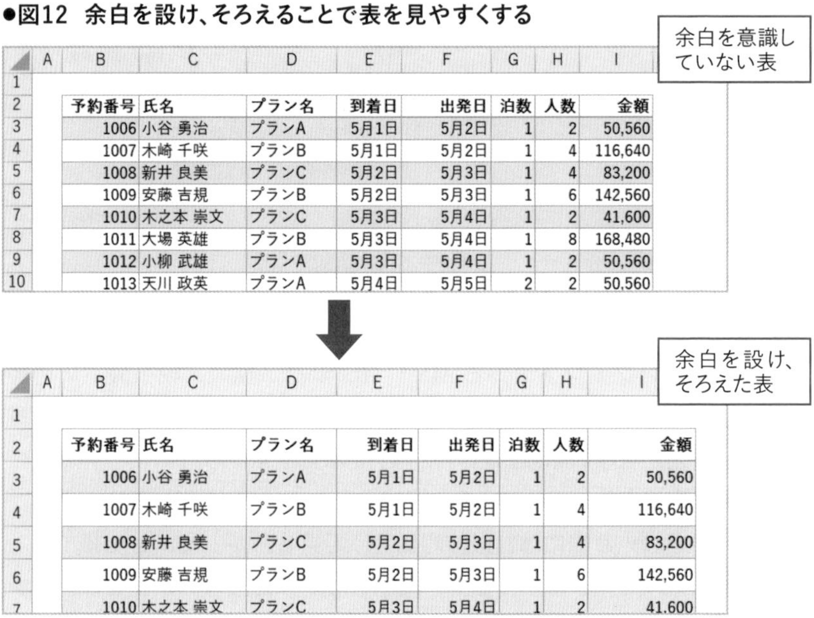

余白を意識していない表

余白を設け、そろえた表

　余白を整えるには、セルの高さと幅を変更します。Excelではそのしくみ上、個々のセルごとに高さと幅を設定するのではなく、行単位・列単位で設定します。

　余白のサイズの基準となるのは、フォントです。セルの既定の高さと幅は、既定のフォントの種類とサイズによって自動的に決定されます。

　セルの高さや幅を変更するには、変更を行いたいセル範囲を選択し、［ホーム］－［書式］ボタンをクリックします。すると、図13のようなメニューが表示されるので、高さを変更するには［行の高さ］を選択し、幅を変更するには［列の幅］を選択します。値を入力するダイアログが表示されるので、数値を入力して［OK］をクリックすれば完了です。

●図13　セルの高さと幅を変更する

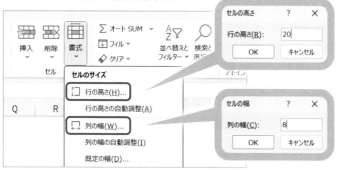

　高さの目安は、文字の高さの1.6倍ほどです。これだけあれば窮屈に感じないでしょう。また、幅に関しては列に入力された内容よりも、最低でも2文字分ほど余裕を持つのがよいでしょう。

　幅の値は「既定フォントでの『0』が何文字入るのか」という単位で設定するため、「10文字入れたいから余裕をもって12にしよう」というように、文字数ベースで考えると分かりやすくなります。

　また、セル幅に関しては、**同じ内容のデータが入力されている列は同じセル幅にそろえます**。例えば、月ごとの売り上げ一覧表の場合、各月の売り上げ列の幅は、**すべて同じ幅にした方が把握や比較がしやすくなります**。

［全セル選択］ボタンと組み合わせてまとめて設定

　シート内の行の高さをまとめて設定したい場合には、［全セル選択］ボタンをクリックしてから［行の高さ］を設定すればOKです。

　また、列の幅は、［書式］-［列の幅の自動調整］を選択すると、選択セル範囲の列幅を、入力されている内容に応じて自動調整してくれます。大きな表の列幅を調整する際、まず、自動調整で大まかなサイズを決め、さらにそこから必要に応じてプラス2文字分調整する、などの運用も可能です。

【Memo】行／列見出しの右クリックからも変更可能

　高さや幅の変更は、行／列見出しを右クリックして表示されるメニューからも変更可能です。

3. 端揃えで整理する

　表の見やすさは、端揃えによっても変わります。図14では「中央揃え」で作表した表と、「文字は『左揃え』、数値は『右揃え』」で作表した表です。

●図14　入力内容によって列ごとに端をそろえる

中央揃えで作表された表

文字は左揃え、数値は右揃えで作表された表

　とくに違いが出るのは数値の見比べやすさです。「**数値を右揃え**」ルールの表の方が、**数値のケタ位置がそろっているため比較がしやすい**ですね。また、文字にしても端がそろっているため、列ごとのデータの区別もしやすくなります。縦の罫線がなくても、余白と端揃えのおかげで、他の列のデータと混同することはありません。表もスッキリと見やすくなります。

見出しの端揃えはデータ側にそろえる

　端揃えのルールは、「**文字は『左揃え』、数値は『右揃え』」、たったこれだけです**。これを徹底します。そもそも、何も設定せずとも文字は左揃え、数値は右揃えで表示されますが、これを徹底するのです。

この端揃えは列単位で行います。表の列見出しは多くの場合、文字列ですが、データが数値であればデータに合わせ、列まるごと右揃えに変更します。方法は簡単で、図15のように列単位で選択し、［ホーム］タブ内の［配置］欄にある［右揃え］のボタンをクリックすればOKです。

●図15　データが数値なら見出しも右にそろえる

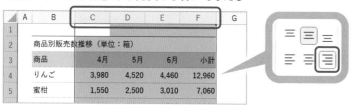

また、数値列と文字列の列が並んだ場合、右揃え・左揃えとなり、余白が窮屈になります。その場合には、図16のように文字列の列全体を選択し、［インデントを増やす］ボタンをクリックして余白を確保しましょう。

●図16　インデントで余白を確保する

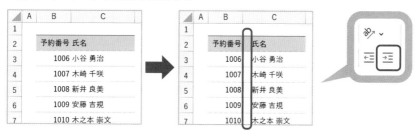

なお、「文字は『左揃え』、数値は『右揃え』」ルールは、表の内容や業態によっては合わないこともあるでしょう。その場合は業態のルールに合わせ、列単位でそろえると、表形式のデータが見やすくなるでしょう。

【Memo】［▼］ボタンを表示する場合

フィルター機能（P.222）利用時に表示される［▼］ボタンによって、見出しが見えなくなる場合があります。その場合は見出し行の高さを確保し、端揃えを［上揃え］にするのがお勧めです。

4. 色で整理する

　表にメリハリをつけるために一番簡単な手段が、色です。見出しとなる個所や、小計といった個所にセルの背景色を設定することで、表の構成が分かりやすくなります。

　また、特定データのフォントの色を変更することで、表の構成はそのままに、注意を促したり、データの意味を伝えることも可能です。

●図17　色を使って表の構成や注目データを整理する

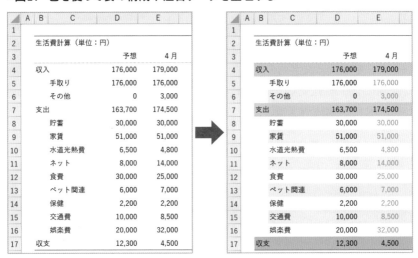

　セル範囲を選択し、［ホーム］-［塗りつぶしの色］ボタン右端のオプションメニューで、図18の［テーマの色］メニューが表示されます。

●図18　［テーマの色］のグラデーションを使って統一感を出す

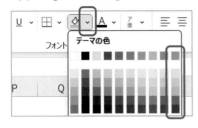

66

希望の色を選択すれば、セルの背景色が変更されます。**注意点は、使う色が多くなりすぎるとうるさくなり、逆に見づらくなる点です。多くても2～3色に抑えましょう。**

　ちなみに、［テーマの色］メニューの特定列の色のみを利用すると、同色の濃淡で塗り分けることになり、統一感のある色使いになります。

　フォントの色を変更したい場合には、同様にセルを選択し、［ホーム］-［フォントの色］ボタンを利用します。

色の基本セットを変更する

　Excel はブックごとに基本の配色が管理されています。この配色を変更するには、［ページレイアウト］-［配色］ボタンから配色のセットを変更します。

●図19　基本となる配色は変更できる

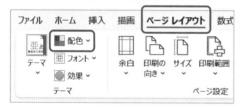

　また、用意された配色セットではなく、自分で利用する色を設定したい場合には、［配色］-［色のカスタマイズ］から設定可能です。

　コーポレートカラーなどの「いつも利用している色」がある場合には、その色をセルの背景色の基本色とし、濃淡で塗り分けるのもよいでしょう。色を見るだけで、「あ、このブックはあの会社が作ったんだな」という印象が高まりますね。うまく色を使っていきましょう。

【Memo】**バージョンアップしたら突然色が変わった**

　バージョンアップしたり、他の PC に持っていったら色が変わってしまった、というトラブルの多くは、基本の配色が異なるためです。もとに戻したい場合は、［配色］を確認・変更してみましょう。

5. 線を引いて整理する

　表に罫線を引くと、表の範囲やデータの並びが明確になります。図20
は罫線を引いていない表に罫線を引いたところです。

●図20　罫線を引いて表を整理する

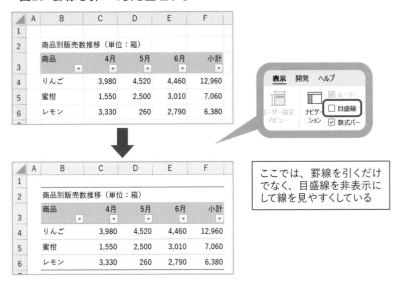

ここでは、罫線を引くだけ
でなく、目盛線を非表示に
して線を見やすくしている

　表の上下に罫線を引いたことで、どこからどこまでがひとつの表なのか
が明確になり、横線を引いたことで、行単位のデータを一連のデータとし
て認識しやすくなりました。
　**縦罫線は、基本的に列ごとの端揃えをきっちり行っていれば、なくて構
いません。**データの区分を明確にしたい場合にのみ利用します。窮屈さが
薄れて表全体がスッキリとし、データが見やすくなるでしょう。
　ただし、あった方がしっくりくる方が多い環境では、使っていくルール
とし、共有していききましょう。

表の罫線設定はダイアログからまとめて行うのがお手軽
　罫線は［ホーム］–［下罫線］–［その他の罫線］ボタンから設定できま

すが、表の範囲にまとめて罫線を設定するには、［セルの書式設定］ダイアログ内の［罫線］タブ内から設定する方が簡単です。

　[Ctrl] + [A] キーで表全体を選択し、[Ctrl] + [1] キーで［セルの書式設定］ダイアログを表示、[→] キーを 3 回押して［罫線］タブを選択します。

　図 21 のダイアログが表示されるので、左から罫線のスタイルと色を選択し、右側で選択セル範囲のどこに罫線を引きたいかを指定します。プレビュー表示されている個所をクリックしてもよいですが、周りに表示されているボタンをクリックした方が確実です。

●図21 ［セルの書式設定］ダイアログで、表にまとめて線を引く

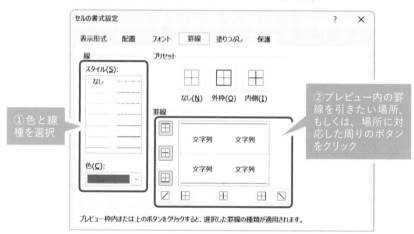

　筆者は基本ルールとして「表の範囲を示すために上下に太実線、行間に点線」としています。「太実線を選び［上］［下］ボタン」→「点線を選び［行間］ボタン」の 2 操作で完了するので簡単です。

　なお、**Excel の罫線は印刷したり PDF 出力すると画面上より太く印刷される**性質があります。ルールを決める際は、最終的にどう表示されるかを確認してから選んでいきましょう。

　また、罫線を使った作表時には、目盛線を非表示にしておくと、引き忘れや出力した際のイメージ確認が簡単になります。表の見た目もスッキリしますので、あわせて操作を覚えておきましょう。

表を「使いやすくする」5つのポイント

1. 罫線やフォントの色に意味を持たせる

作表する際、フォントの色にルールを設け、それを周知すると、「このセルは変更していいのか悪いのか」などの情報を知らせる要素として活用できます。図22では、「値を設定・変更してほしいセルのフォントの色を緑にする」というルールで作表しています。

●図22　値を入力／変更してほしい個所のフォントカラーを変える

	A	B	C	D	E	F	G
1							
2		価格試算表					
3		使用価格表	セール				
4							
5		ID	商品ID	商品名	価格	数量	小計
6			r-1	りんご	120	80	9,600
7			m-1	蜜柑	60	45	2,700
8			l-1	レモン	130	60	7,800
9							
10							
11						合計	20,100

色を通じて「ここを変更すればいいんだな。ここは触らない方がいいんだな」という、使い方や注意個所を知らせることができるわけですね。

「変更可能個所は緑」「他のシートの値を参照している個所は青」「マスタとして利用する範囲の罫線は青」など、色に意味を持たせることで、表の構成を変えずにさまざまな情報が伝えられます。ただし、あまり色数を使うとうるさくなりますので、バランスを考えて使っていきましょう。

なお、数式の入力されているセルは、フォントカラーを変更すると、セル参照の色分け表示（P.133）がされなくなるため、作成中は変更しない方がベターです。変更したい場合には作成後に変更しましょう。

2. 積算と明細の表示を切り替える

　複数項目を積み上げて計算していく、いわゆる積算を行う場合、積算結果に注目したい場合もあれば、個々の項目に注目したい場合もあります。

　作成段階においても、個々の計算を入力・作成・確認する段階もあれば、積算結果をもとに数式を作成する段階もあるでしょう。

　このようなケースでは、［グループ化］機能を利用すると、個々の項目と積算項目の表示をワンボタンで切り替えることができます。

●図23　グループ化していれば、クリックで折りたたみ表示ができる

　方法は非常に簡単で、「折りたたみたい」範囲を行、もしくは、列単位で選択し、［データ］-［グループ化］ボタンをクリックするだけです。

●図24　行・列範囲を選択して［グループ化］

行・列単位で範囲選択し、［データ］
-［グループ化］ボタンをクリック

　これで欄外に、図23のようなグループ化ボタンが表示されます。［1］［2］などの階層ボタン、もしくは［+］［-］の個別展開ボタンをクリックすれば、指定範囲を折りたたんだり、表示したりできます。

3. 見出しを固定する

　1画面で表示しきれない表を作成した際には、見出しを固定します。図25では、A:B列と1:2行目を「固定」したところです。この状態で、図の下のようにセルH1000などの離れた位置のセルを選択しても、常に固定したセル範囲が表示されます。

●図25　見出しを固定すると、スクロールしても常に表示される

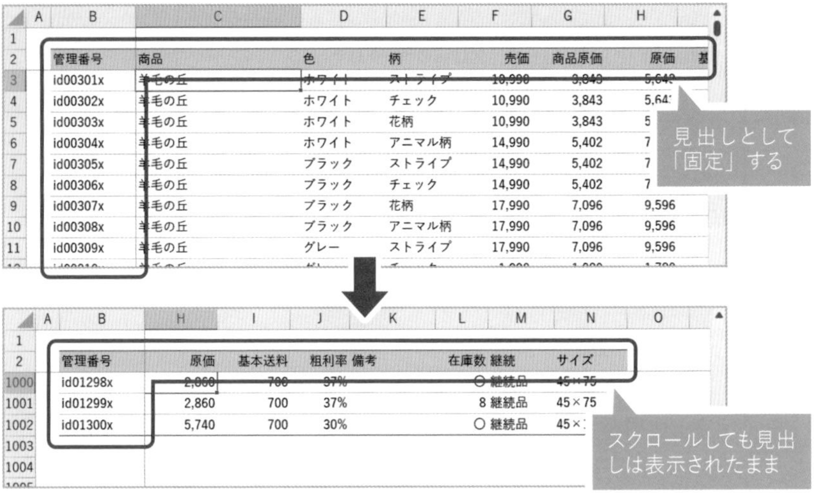

　常に見出しを表示することによって、表の列に列記する項目数が増えても、どのレコードの項目なのかが把握しやすくなります。

［ウィンドウ枠の固定］機能を利用する

　見出しを固定するには、基準としたい位置までシート右端・下端のスクロールバーで画面をスクロールし、さらに、基準となるセルを選択します。

　そのうえで、［表示］-［ウィンドウ枠の固定］をクリックし、表示されるメニューから［ウィンドウ枠の固定］をクリックします。すると、そのスクロール位置で、基準セルから左側・上側の部分が固定され、常に表示されるようになります。

●図26　基準に設定したセルの左と上のセルが常に表示される

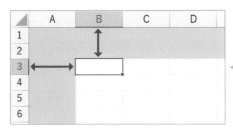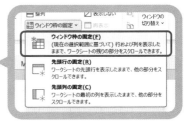

「ここは常に見せておきたい」という範囲の右下のセルを選択して固定すると、意図どおりの範囲を固定しやすいでしょう。

　固定を解除したい場合には、[表示] - [ウィンドウ枠の固定] - [ウィンドウ枠固定の解除] を選択します。

[テーブル] 機能でも列見出しが自動表示される

　また、[テーブル] 機能（P.198）を利用して、テーブル化したセル範囲は、下方向に画面をスクロールすると、シートの列見出し部分にテーブルの見出し行の値が自動表示されます。

●図27　[テーブル]機能なら見出しが自動表示される

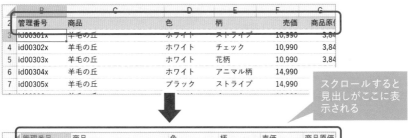

　見出しを固定する手間も省け、画面も広く使えるため、シートの構成によってはこちらのしくみを利用してもよいでしょう。

4.「インデント」と「名前」でジャンプ移動できるようにする

　シート内のあちこちや、ブック内のあちこちの表を確認・作成したい場合には、あらかじめインデントや［名前］機能を利用して移動（ジャンプ）のための手がかりを用意しておくと便利です。

　図28では、複数の表のタイトル部分を、表の先頭列よりもひとつ左の列に作成しています。例えば、「タイトルはB列、表のデータはC列」のようにずらし、B列のセル幅を狭めて表示しています。こうすることで、タイトル部分のセルを選択し、Ctrl＋矢印キーを押せば「次の項目」に一発でジャンプできるようになります。

●図28　Ctrl＋矢印キーで表タイトルを移動できるようにする

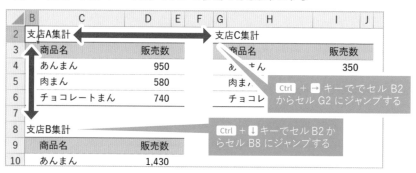

　図29では、積算項目の行のみ1列左から項目名の入力を行っています。

●図29　Ctrl＋矢印キーで特定項目の行を移動できるようにする

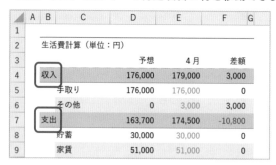

積算行のみ1列左から
入力をはじめ、インデ
ントを付けている

これで「収入／支出」項目の行き来を Ctrl ＋ ↓ ／ ↑ キーで行えます。

［名前］機能と組み合わせる

また、あらかじめ移動したいセル範囲に［名前付きセル範囲］機能（P.98参照）で「名前」を付けておくと、［ジャンプ］ダイアログや［ナビゲーション］ウィンドウ（365版のみ）に、「名前」が表示され、選択するだけで対応したセル範囲に移動できます。

［ジャンプ］ダイアログは、Ctrl ＋ G キーで手軽に表示できるので、**画面やシートをまたぐ複数の表を行き来する作業の際には、「表に名前を付けておく」→「［ジャンプ］で移動」という移動パターンを覚えておくと、非常に効率的に作業を進められます。**

●図30 ［ジャンプ］ダイアログで、「名前」を手がかりに移動する

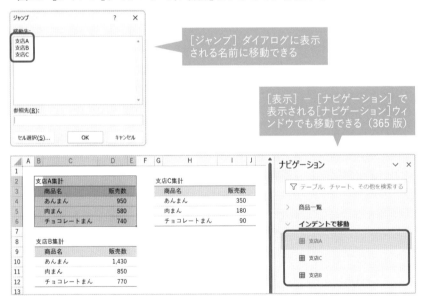

ちなみに［ジャンプ］機能は、直前にジャンプした位置を記録するため、ジャンプしたあとは、Ctrl ＋ G キー→そのまま Enter キーでもとの位置に戻れます。あわせて覚えておくと便利です。

5.「条件付き書式」で注目セルに着色する

[条件付き書式] 機能を利用すると、注目してほしいデータを表のレイアウトを崩さずに、自動的に強調できます。

図31は、生徒ごとの5科目＋合計の6つの得点の一覧表ですが、各列について「上位10%」ルールで書式を設定しています。

●図31　各列の上位の得点に、自動で色を着ける

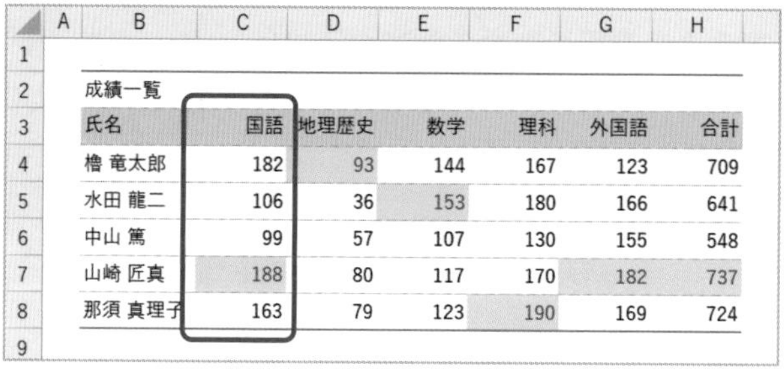

	A	B	C	D	E	F	G	H
1								
2		成績一覧						
3		氏名	国語	地理歴史	数学	理科	外国語	合計
4		檜 竜太郎	182	93	144	167	123	709
5		水田 龍二	106	36	153	180	166	641
6		中山 篤	99	57	107	130	155	548
7		山崎 匠真	188	80	117	170	182	737
8		那須 真理子	163	79	123	190	169	724
9								

各列の上位のデータがひと目で把握できますね。また、条件付き書式はその名のとおり、書式を設定する条件を指定できるため、実際のデータが入れ替えれば、入れ替えたデータに対して、条件を満たすものに自動で色を着けてくれます。

自分の目で判断する**手作業と比べると、格段にすばやく正確に注目したいデータを洗い出し、強調表示できます。**活用していきましょう。

条件付き書式はセル単位で設定可能

セル範囲を選択し、[ホーム] － [条件付き書式] から用意されている「条件」を選択すると、条件に応じて細かなパラメーターを入力し、条件を満たしている場合の書式を選択するダイアログが表示されます。

例えば、図32は「指定の値より小さい」ルールを選択し、基準となる値として「120」を指定し、書式を「濃い赤の文字、明るい文字の背景」を選択しています。このように設定を行うと、選択セル範囲に条件付き書式が作成され、「120より小さい値」の場合のみ書式が適用されます。

●図32 たいていの条件付き書式は、簡単に設定できる

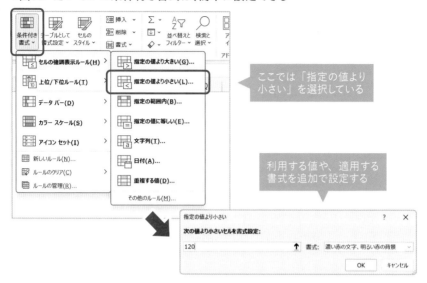

　条件は、あらかじめ用意されているものの他、関数式を使ってカスタムの書式も作成可能です。また、書式も自由に設定可能です。

　設定した条件付き書式は、[ホーム] - [条件付き書式] - [ルールの管理]から表示されるダイアログから、確認・修正・削除や条件付き書式間の優先順位の設定が可能です。

●図33 ［ルールの管理］で、設定した書式の確認・変更を行える

条件付き書式ルールの管理			? ×

書式ルールの表示(S):	このワークシート			

田 新規ルール(N)...　　田 ルールの編集(E)...　　✕ ルールの削除(D)　　田 ルールの複製(C)　　∧　∨

ルール (表示順で適用)	書式	適用先	条件を満たす場合は停止
セルの値 < 120	Aaあぁアァ亜宇	=$C$4:$C$8,$E$4:$G$8 ↑	☐
セルの値 < 40	Aaあぁアァ亜宇	=$D$4:$D$8 ↑	☐
上位 10%	Aaあぁアァ亜宇	=$H$4:$H$8 ↑	☐

【Memo】データのチェック時にも有用

　条件付き書式機能は、「異常な値のデータ」や「重複しているデータ」などを見つけ出す、値のチェック用途にも非常に有効です。

使いにくい表を
作成しないように注意！

セルの結合には要注意

　Excel の作表を行うときに「これを気を付けないとあとで使いにくい表になる」という要素がいくつかあります。代表的なものをピックアップし、確認していきましょう。

　まず一番目に上げられるのが［セルの結合］機能です。図 34 ではセル範囲 C3:E3 の 3 つのセルを、ひとつのセルに「結合」しています。

●図34　セルを結合したところ

　3 セルを結合して値を中央に表示したことにより、3 つのデータを「取り扱い商品」として認識しやすくなりました。が、しかし、この表は見やすくなった代わりに、使いやすい表ではなくなってしまいます。

　なぜなら、［並べ替え］や［フィルター］をはじめとした便利な機能の多くは、セルが結合していないことを前提に動作するためです。

●図35　セルを結合していると、行えない操作が多々ある

ざっくりと言ってしまうと、**結合を行ったセルは移動や再利用が行えなくなります。そのため、表の修正や再利用が困難になるのです。**そのため、見た目を整え、きちんと作表したつもりが、いざ上司や取引先に渡してみたところ、大不評を被る要因になってしまうのです。

「選択範囲内で中央」書式を利用する

　しかし、見た目が整うのは事実です。そこで、このようなケースではセルの結合を行うのではなく、書式設定を利用します。

　結合しようとしていたセル範囲を選択し、[Ctrl] + [1] キーなどの操作で[セルの書式設定]ダイアログを表示し、[配置]タブ内の[横位置]から「選択範囲内で中央」を選択して[OK]をクリックします。

● 図36　書式設定を使えば、結合したときと同じような表示にできる

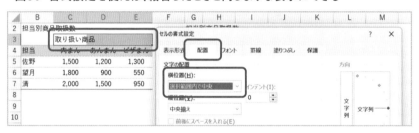

　これで[セルを結合して中央揃え]を行ったときと同じように、選択セル範囲の中央に値を表示できます。セルを結合しているわけではなく、表示位置のみを調整しているので、各種機能の邪魔にはなりません。なお、表示する値は、選択範囲の一番左のセルに入力します。

【Memo】縦書きが必要な場合は結合がベター

　表の構成上、どうしても縦書き文字が必要な場合には、縦方向へ複数セルを結合したうえで書式を「縦書き」にするのがベターです。本当は結合したくないのですが、他の選択肢がないのです。図形を貼り付ける方法もありますが、そちらの方が「危険」です。できれば使わない方がいいのですが、どうしても必要な場合は使っていきましょう。

方眼紙スタイルには要注意

続いて注意したいのが「Excel方眼紙」スタイルでの作表です。方眼紙スタイルとは、セルの幅と高さを調整し、シートをマス目と見立てて扱えるようにしたスタイルです。

紙の帳票をシート上に再現したいようなケースで「ここは3マス分罫線引こう」「ここは10マス分結合しよう」などの考えで作表していけるため、思うようなレイアウトの表を作りやすいとされるスタイルです。

●図37 Excel方眼紙スタイルのシート

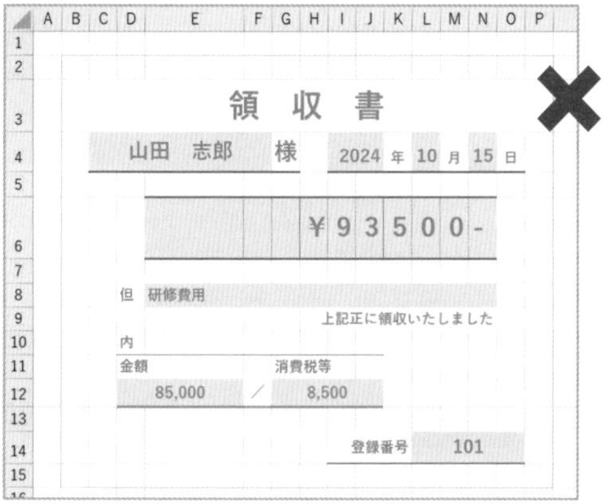

レイアウトしやすいスタイルなのだが、データを取り出すのに非常に手間がかかる

が、しかし、**データの再利用を考えた場合、最悪のスタイルです。**計算に使う値を取り出そうとしても法則性はなく、結合しているセルもあればそうでないセルもある、「1234」という一連の値のはずが「1」「2」「3」「4」と別々のセルに分割されているなど、見えているデータを使えるデータに修正しなおす作業が必要という、手作業とほぼ手間が変わらない状態に陥ります。繰り返しになりますが、最悪です。作ってはいけません。

残念なことに、かつて日本では「レイアウトを考える時間が減る」という観点から、このスタイルが大流行した時期がありました。その名残からか、今でもこのスタイルの資料を見かけることがあります。ですがそれは、悪しき習慣です。くれぐれも真似しないようにしましょう。

　方眼紙スタイルには苦労させられた方が多いため、ビジネスのシーンでは本当に嫌われています。ですが、使いどころがないわけではありません。

　先の領収書データを例にとると、すでにブック上のどこかにきちんと使いやすい形の領収書データが存在しており、そのデータを「既存の領収書を模した形式で印刷したい」などの目的で方眼紙スタイルのシートを作成し、利用するのであれば構いません。

●図38　別に存在しているデータの「見せ方」として利用するならアリ

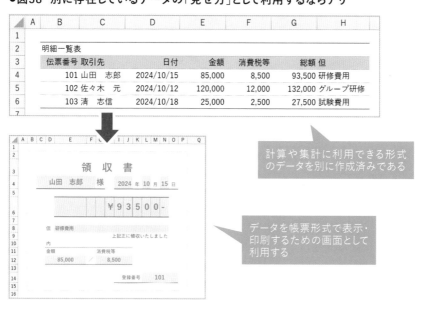

計算や集計に利用できる形式のデータを別に作成済みである

データを帳票形式で表示・印刷するための画面として利用する

　なにせ、一度は大流行したほど「レイアウトが作りやすい」のは事実ですから。ただし、しつこいようですが、**「方眼紙スタイルだけ」というのは絶対にダメ**です。

　あくまでも、「計算や再利用できる状態でデータを保存する」のが最優先の目的になります。そこから、「見やすく整える」「別途、レイアウトに特化したシートを作成する」という優先順位で作業を行うことを心がけましょう。

表の下側に余白がないスタイルには要注意

　異なるタイプの表を作成する際には、**表の下側に別の表を作成するのは避けておいた方が無難**です。理由はふたつ。列幅などのレイアウトが自由にできない点と、新規データの追加の際に面倒である点です。

　図39は縦方向にふたつの表を作成していますが、上の表の列幅に引っ張られ、下の表の列幅のバランスがおかしくなっています。

●図39　縦方向に表を並べるとレイアウト上の制約が問題になる

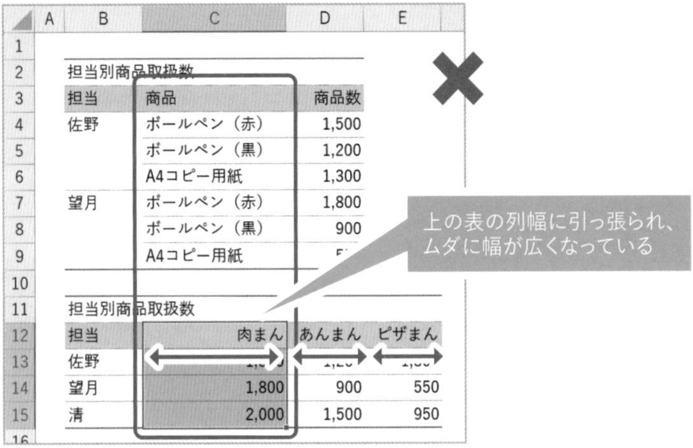

　本来であれば、同じ「商品のデータ」である列は同じ列幅にしたいのですが、バラバラになっています。これは極端な例ですが、縦方向に異なる表を並べると、往々にしてこのようなジレンマに陥りがちです。

　Excelを少し使える方は、この問題を解消するためにセルの結合機能の利用を考えることがあります。しかし、それは機能の利用やデータの再利用を妨げる要因になり、問題が悪化してしまいます。

　また、上側の表に新規のデータを追加しようとすると、行単位ですべてのデータや書式を動かすことになり、非常に手間がかかります。この手間を嫌って、本来は追加が必要なデータの追加を行わないで済まそうとする、などの二次災害とも言えるトラブルを生む原因にもなりがちです。

あらかじめ「異なるタイプの表は縦に並べない」というルールを決めて
おき、少なくとも横方向に並べるようにすることです。ただし、横方向に
並べても行の高さを変更した場合は同じ問題が起きます。

表は個別に作成し、最後に並べるという考え方を基本にする

このようなレイアウト上の問題を気にせずに作業する方法はふたつあり
ます。ひとつは表ごとに異なるシートに分けて作業するスタイルです。こ
れならば、他の表のレイアウトを気にする必要はありません。

しかし、複数の表のデータを連携して計算式を作成したい場合など、同
じシート上でいくつかの表を利用したい場合もあります。その際に手軽な
方法は、斜めに表を作成するスタイルです。

図40は3つの表を斜め作表スタイルで作表しています。このスタイル
であれば、セルの高さや列幅は他の表に影響を与えません。

●図40　斜めレイアウト方式なら他の表の影響を受けずに作表できる

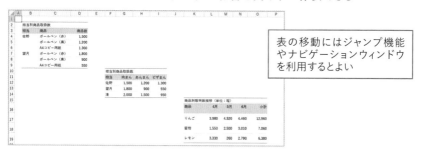

表の移動にはジャンプ機能
やナビゲーションウィンドウ
を利用するとよい

表の間の移動は、[Ctrl]＋矢印キーや、[ジャンプ]機能を併用すれば苦
になりません（P.128参照）。

とくに真面目な方ほど、「最初からきれいで完璧なレイアウトの表を作
成しなくては」と、1シート内にきっちりとしたレイアウトで表を作成し
ようとしがちです。しかし、そのスタイルは難しいのです。**まずは自由に
レイアウトできるスタイルで個々に作表していき、それができたところで
ひとつの出力としてきちんとまとめる手段を考える**、という流れの方が、
無駄なレイアウトのやり直し作業を避けることができるでしょう。

図形を利用した整形には要注意

レイアウト上の問題を［図形］を使って解決しようとしているシートにも注意が必要です。図41は表のなかに縦書きの個所を作成するために、縦書きのテキストボックスを利用しています。

●図41 図形を使ってレイアウトを解決しようとしている例

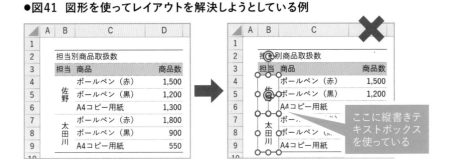

確かに見た目は意図どおりなのでしょうが、**図形に入力されている内容というのは、数式や再利用するデータとして機能しにくくなります**。結合セルや方眼紙スタイルのデータと同じ問題を抱えることになります。

さらに、コピー＆ペーストやフィルター機能などを使っているうちに、「消したはずの図形が残っていた」というミスが起きやすくなり、いつの間にかブック容量が激増する原因になりやすいのです。

この問題は「セル結合は使用禁止」というルールを、きっちり守ろうとする、「真面目」な方が起こしがちな問題です。セル結合以外の解決方法を考え、「デザイン系のアプリのように図形で整えよう」と、よかれと思って行った工夫が、問題を起こす原因になってしまうのです。

表計算アプリであるExcelは、レイアウト周りや印刷機能に弱い面があります。しかし、そこをカバーするためにセル結合や図形を利用してしまうと、強みである表計算の機能の方を殺してしまい、本末転倒です。

どうしても図形が必要なレイアウトの場合は、方眼紙スタイルのときと同じように、まずは計算に利用できる形でデータを確保し、そのあとに別途図形を駆使した表を作成するように心がけましょう。

1枚のシートで済まそうとする表には要注意

すべてのデータの入力や計算を1枚のシートで済まそうとするスタイルにも注意が必要です。

基本的に、1枚のシートの役割を少なくした方が、データや計算がシンプルに整理できます。図42は3つのエリアを持つキャンプ場のデータを計算するブックですが、エリアごとにシートを分け、さらに全エリアの集計は別シートに整理しています。

●図42　シートごとにデータや計算を分割して整理する

シートごとの役割を分けることにより、各シートの役割が明確になり、さらにシートを順番に追っていくだけで、どういうデータを、どういう順序で計算しているのかも自然と整理・理解できます。また、レイアウトの問題も回避できます。

つまり、**シートを分けて作表するスタイルの方が、メリットが大きい**のです。これと比べると、1枚のシートですべて済まそうとするスタイルは、データや計算が増えれば増えるほど複雑さが増し、データの把握や、計算式の作成も難しくなるというデメリットが大きくなります。

最終的に1枚のシート上に計算結果となる複数の表をまとめたい場合でも、まずはふんだんにシートを使い、整理しながら作表・計算を行っていきましょう。そして最後に1枚のレポートにまとめる際には、複数シートの計算結果をレイアウトする「だけ」の役割のシートとして作成すれば、レイアウト作業だけに集中できます。

ブックを他の PC に持っていったら、表の色が全然違った色で表示される場合があります。

●図43　バージョン間で突然色味が変わる1例

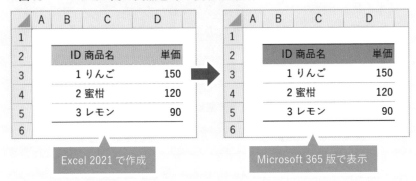

これは、ブックを開いた PC の Excel の標準の「テーマ」が異なるためです（P.67参照）。

Excel で扱う色は「テーマ」に沿った「配色」で基本の色がいくつか決められており、背景色や罫線で利用する色は、その基本の色と 5 段階の濃淡のバリエーションで管理されています。

●図44　原因は標準のテーマの配色が異なるため

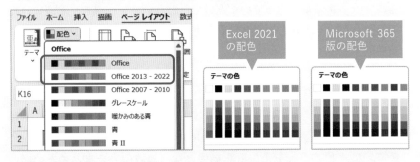

このため、「Excel 2021 環境で『青』のつもりで作表したのに、Microsoft 365 環境で見たら『紫』になっていた」なんてことが起こります。

作成時と同じ色味で表示したい場合には、あらかじめ［ページレイアウト］－［配色］で配色を設定・保存しておくか、表示する環境側で、作成した環境と同じ配色を選択しなおしてもらいましょう。

3章

計算は必ずExcelにやらせる

各種の計算を行う際には「関数」のしくみが圧倒的に便利です。

各種の計算があっというまにできてしまいます。

この便利なしくみの基本的な使い方と、

長く使い続けるためのコツを見ていきましょう。

関数はExcel最大の便利機能

⚡ 難しくない関数のしくみ

　多彩な機能が用意されている Excel のなかでも、最も多くの方が利用している機能が関数です。

　関数は、計算に使用したい値を用意しておけば、その値を使ってさまざまな計算を行うことができるしくみです。

●図1　用意した値を使い、関数で合計・平均などさまざまな計算を行う

　図1では、セル範囲 B3 ～ B7 に入力した値を使った4種類の計算結果を、セル範囲 E3 ～ E6 に表示しています。それぞれの計算は関数のしくみを利用しています。

　関数は「＝（イコール）」から入力をはじめ、計算方法を指定する関数名を入力し、続く「()」（カッコ）のなかに計算に使う値を指定します。

●関数の基本構文

　＝関数名（計算に使う値）

　この計算に使う値のことを「引数」（ひきすう）と呼びます。

関数式の入力方法

　合計を求める関数であるSUM関数の入力方法を見てみましょう。まず、計算結果を表示したいセルを選択し、「=SUM(」と関数を使った数式（関数式）を途中まで入力します。この時点でマウスを操作し、計算に使いたい値が入力されているセル範囲B3 ～ B7をドラッグします。すると、自動的に「=SUM(B3:B7」とセル参照が入力されます。最後に「)」を付け加えてカッコを閉じ、 Enter キーを押します。

●図2　SUM関数の入力例

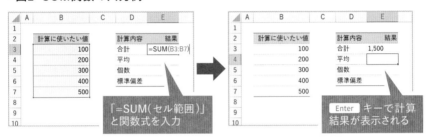

　すると、関数式を入力したセルに計算結果が表示されます。いかがですか？　いちいち「=B3+B4+B5+……」とひとつひとつのセルの値を記述していくのに比べると、非常に簡単ですよね。

　また、計算方法は関数を変更すれば変更されます。同じデータを使って、合計・平均・個数・標準偏差などを求めたい場合には、それぞれの計算方法に応じた関数を利用すればOKです。

●利用する関数を変更すれば対応する計算方法で計算される

関数式	結果
=AVERAGE(B3:B7)	セル範囲B3:B7の平均
=COUNT(B3:B7)	セル範囲B3:B7の数値の個数
=STDEV.P(B3:B7)	セル範囲B3:B7の標準偏差

　Excelに用意されている関数は実に500種類以上。つまり、500種類以上のさまざまな計算を手軽に行えるしくみが用意されているわけですね。

「計算方法」と「計算に使うデータ」に分けるのがコツ

関数はすべてを覚える必要はなく、自分の業務に合った 10 種類程度の関数を見つけ出し、それを活用するだけで十分便利です。

また、Excel は長い間利用されているので、書籍や Web 上に参考となる情報が豊富に用意されているのも大きな強みです。何か問題にぶつかったときは、検索してみれば、解決の糸口となる情報を入手するのも比較的簡単です。さらに、今後は AI によるサポートも充実してくるでしょう。

まずは「関数全体に共通する基本的なしくみ」を意識しよう

ただし、その際に必要な知識がひとつあります。それは「関数全体に共通する基本的なしくみ」を理解しているかどうか、という点です。

● 図3　すべて暗記の必要はない。大まかなしくみをつかみ、調べながら使う

基本的なしくみとは、関数と引数のしくみ、セル参照のしくみなどを指します。まずはしくみを理解し、慣れるために、自分の業務に合った 10 種類程度の関数を使ってさまざまな計算を行ってみましょう。

基本的なしくみさえつかめれば、あとは「調べながら関数式を作成していく」というスタイルでさまざまな問題を解決できるようになります。

やみくもに多くの関数を暗記するのは大変です。いくつかの関数を使ってみることからはじめ、しくみを覚え、実際のシート上での「よくある使い方」に慣れていきましょう。

「計算方法」と「計算に使うデータ」に分けて整理する

「関数式をどう作ったらいいか分からない」ときにはまず、「**自分は何が分からないのか**」を整理するところからはじめましょう。

　筆者の場合、まずは「計算できるか」を考えます。目的の答えを出すための計算式や利用できる関数を知っているか。ここで「知らない」のであれば、「計算方法や関数」を調べます。

　計算方法が分かったら、「計算に使うデータはそろっているか」を考えます。そもそも、シート上にデータはあるのか、ある場合、そのセルを参照する方法は分かっているか。ここで「分からない」ならば、「データの準備」や「セル参照の方法」を調べます。

●図4 「分からない」要素を小分けに考えながら整理する

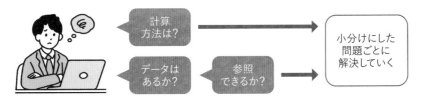

　Excelはセルに入力したデータを計算に利用できるため「どのセルを参照するのか」という「計算」までできるようになっています。そのため、「計算のための計算」と「セル参照のための計算」が混在することが多々あり、これが関数式を複雑にする大きな要因になります。

　そこで、「計算式」「データ」「セル参照」と、切り分けて考え、「全部のデータが目の前に合ったら自分は計算できるのか」「計算に使うデータはあるのか」「そのデータを参照できるのか」と、いったい自分が分からないのは何なのかを整理しながら考えていきます。

　関数式を考えたり、既存の関数式が何を計算しているのかを読み解く際には、このように**視点を小分けにして考える**のが有効です。全体としてみると「難しい」「無理だ」と思うような関数式も、小分けにするとシンプルな計算の積み上げとして捉えられます。一気に解決しようとすると難しく感じる問題も、案外簡単に作成・理解できるようになります。

分類ごとに「定番の関数」を決めておくのがお勧め

関数に慣れてきて、使える関数が増えてきたら「定番の関数」を決めるようにするのがお勧めです。

関数式は自由度が高く、ひとつの問題を解くための書き方はいくつもあります。「正解はひとつではない」のです。例えば図5は、セル範囲B2:J5に作成された表から「商品A」の販売数を求めていますが、目的の答えを出すための関数式は何とおりも考えられます。

●図5 同じ正解を求める数式は、何種類もある

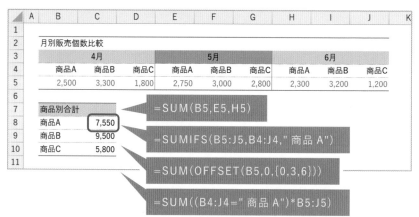

「正解」であれば、自分が得意な方法で作成して構わないのですが、注意点がひとつあります。それは、**同じ計算を行うなら、同じパターンの関数式を使うようにする、**という点です。

例えば、同じブック内で「平均」を求める計算が何個かある場合、異なる計算式や関数で求めてしまうと、あとで確認した際「なぜ違うのだろう？」「もしかして誰かが上書きして間違った式になっているのでは？」など、確認作業が必要になってきてしまうからです。

とくにチームで作業を行う場合、ルールがなく、各人がバラバラの関数式を作ってしまうと、非常に作業効率が落ちます。「ひとりしかメンテナンスできない」「担当者が辞めてしまったので修正できない」といった問

題の遠因にもなってしまいます。

「この計算だったら、この関数をこう使う」という「定番の関数」を決めておき、守るようにすれば、この手の問題を予防できるのです。

また、選択肢が複数あっても迷うことがなくなるので、思考を途切れさせずに作業を進められるようになります。

バージョンや問題の分類から「定番の関数」を決めておく

「定番の関数」は、使用する Excel のバージョンや、ブックを利用する人のスキルや慣れを踏まえたうえで、「この作業ならこれを優先的に使おう」という視点で決めていきましょう。

●定番の関数を決めるための要素の例

要素	説明
バージョン	ブックを使用するPCのExcelのバージョンで使える関数を優先的に使う
スキル	ブックを使用する人にとって「分かりやすい」「使いやすい」関数を優先的に使う
作業ごとの定番	よくある作業ごとに優先的に使う関数を決めておく

根本的な選択肢として、Excel のバージョンと使う人のスキルによって利用できる関数（理解できる関数）が変わってきます。

そのうえで、「合計であれば SUM 関数」「条件付きの合計なら SUMIFS 関数」「表引きであれば VLOOKUP 関数」と、よくある作業を大まかに分類し、その作業ごとに優先的に利用する関数を決めておきます。

決めたルールは、少なくとも同一ブック内では守るように徹底します。よりよい解決方法を見つけた場合、ルールを更新し、チーム内で共有し、次のブックからそちらを守っていきましょう。

【Memo】他の機能との使い分けルールもあると便利

「この作業なら関数を使わずにまずピボットテーブルを作る」など、関数と機能の使い分けルールを決めておくのも有効です。

計算に使う定番の関数と基本的なしくみ

絶対に覚えたいSUMとたった4つの関数

　関数は、[数式]タブ内に分類ごとに整理されています。ボタンをクリックすると関数のリストが表示され、選択することで対応する関数式が入力されます。また、直接「=関数名(引数)」の形での入力も可能です。

●図6　関数は［数式］タブ内に種類ごとに整理されている

　［数式］タブ内の［オートSUM］ボタンには、最も基本となる5つの関数が整理されています。

　5つの関数はそれぞれ「合計」「平均」「数値の個数」「最大値」「最小値」の計算を行います。よくある定番の計算ですね。この5つの関数は、さまざまな場面で利用できるため、優先的に覚えていきましょう。

●基本の5つの関数

合計	SUM関数	最大値	MAX関数
平均	AVERAGE関数	最小値	MIN関数
数値の個数	COUNT関数		

使い方は簡単。計算結果を表示したいセルを選択し、［オートSUM］ボタンから関数を選択するだけです。すると、集計対象のセル範囲を自動的に判断した関数式が入力されます。

●図7　オートSUMボタンから関数を入力する手順

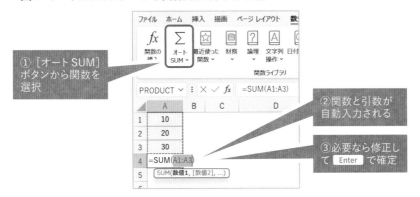

そのままで良ければ Enter キーで確定し、意図した値やセル範囲でなければ、いったん Delete キーで引数を削除してから、あらためてマウス操作でセルを選択したり、キーボードでセル番地を入力しましょう。

5つの関数は引数をいろいろな形で指定可能

5つの関数は、引数に値、もしくはセル参照を指定可能です。セル参照は「A1:A3」のようにセル範囲の形でも指定できます。また、引数を複数指定するには、「,（カンマ）」で区切って列記していきます。

●引数の指定にはさまざまな形式がある

計算式	方式
=SUM(10,20,30)	値を直接指定
=SUM(A1,A2,A3)	個々のセルをカンマ区切りで指定
=SUM(A1:A3)	セル範囲を指定
=SUM(10,A2,30)	値とセル範囲を組み合わせて指定
=SUM(A1,A2:A3)	複数のセル範囲をカンマ区切りで指定

知っておきたい引数のルール

SUM 関数などは引数を柔軟に指定できますが、その他の関数の多くは引数の順番と数が決まっています。

例えば、月末日を求める EOMONTH 関数は、ひとつ目に「開始日」、ふたつ目に「月数」という順番で引数を指定するルールになっています。

●図8 多くの関数では、計算に指定する引数の順番が決まっている

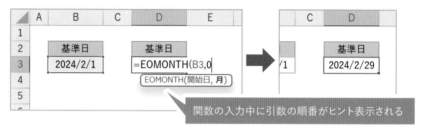

引数はこの順番に決められた数を、カンマで区切りながら指定していきます。

引数の順番は暗記する必要はありません。図8のように、関数の入力途中にヒント表示されますので、それを見ながら必要な引数を決められた順番で入力していきましょう。

また、引数のなかには省略可能なものもあります。省略した場合は、あらかじめ決められた値（既定値）を指定したとみなして計算します。

●図9 省略可能な引数もある

例えば、LEFT 関数は、「文字列」「文字数」の順番で引数を指定するルー

ルですが、「文字数」は省略可能です。省略時は、既定値の「1」を指定したものと見なされ、結果として「左端から 1 文字分」を取り出します。

省略可能な引数は、図 9 のようにヒント表示時に角カッコで囲まれて表示されます。既定値は表示されないので、くわしく知りたい場合には関数のヘルプを調べてみるのがよいでしょう。

関数は「計算方法」と「どんなデータを指定するか」を覚える

関数名や引数は、きっちり覚えられればベストですが、実は厳密に覚えなくても大丈夫です。なぜなら、ヒント表示機能があるからです。図 10 では、表引きを行う XLOOKUP 関数を使うつもりで「確か look なんとかだったような……」くらいのあいまいさで「=look」と入力したところです。

●図10 関数名はうろ覚えでもヒントが表示される

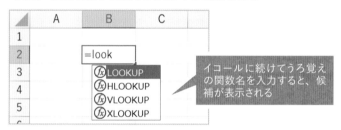

この状態でも自動的に「ひょっとしてこの関数ですか？」と 4 つの候補をリスト表示してくれます。リストから「XLOOKUP」を矢印キーの上下で選び、[Tab] キーを押せば関数名を入力してくれます。その後は、前ページの図のように引数に関するヒントが表示されますので、ヒントを見ながら引数を入力していけば完成です。

ヒントを活用して入力を行っているうちに、よく使う関数は自然と関数名や引数を覚えていきます。それまではヒントを活用していきましょう。

【Memo】関数を入力する際は日本語入力をオフにするのがベター
関数式の入力時に日本語入力がオンになっていると、ヒント機能が働きません。ヒント機能を利用したい場合は、日本語入力をオフにして入力しましょう。

ややこしいセル参照を「名前」で整理する

　関数式内では頻ぱんにセル参照を行います。必然的に関数式の大半はセル番地の記述になり、少々ゴチャつきます。そんなときに利用できるのが［名前付きセル範囲］機能です。

●図11　セルには「名前」を付けることができる

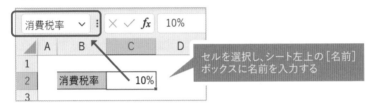

　セルを選択し、シート左上の［名前］ボックスに任意の「名前」を入力すると、以降、そのセルは入力した「名前」で扱えるようになります。図11では、セルC2に「消費税率」という「名前」を設定しています。

　さらに図12では、「消費税率」を数式内で利用し、計算を行っています。結果を見てみると、セルC2に入力されている値である「10%」を使って計算が行われていることが確認できますね。

●図12　数式内で「名前」を利用すると、そのセルの値で計算される

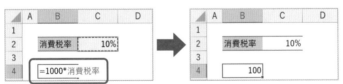

　「名前」は絶対参照と同じ感覚でセル参照を行えるうえに、適切な名前を付けておけば、どんな計算をしているのかが式を見ただけでイメージできます。絶対参照の「$」だらけの数式よりも見た目にもスッキリしますね。

　なお、どのセルをどんな「名前」で参照しているのかを確認／修正するには、［数式］-［名前の管理］ボタンをクリックすると表示される［名前の管理］ダイアログで行えます。

●図13　名前の一覧は、[名前の管理]ダイアログで確認／修正できる

さらに、[数式] – [数式で利用] – [名前の貼り付け] で表示されるダイアログから、[リスト貼り付け] ボタンをクリックすると、「名前」とその参照先のリスト一覧をシートに貼り付けられます。

●図14　名前と参照セル範囲のリストをまとめてシートに書き出す

「名前」機能は、数式を整理するだけでなく、**未来の修正作業を減らせる機能**でもあります。セル参照を使った数式は、参照先のデータに新規データを追加した際、数式側もセットで参照先の変更を行わないと、意図した計算ができません。極端な話、100 個のセルに数式が作成されていれば、新規データを追加するたびに 100 回の修正作業が必要です。

　しかし、「名前」を使って数式を作成している場合は、**新規データを追加後に、「名前」の参照範囲を 1 回修正する**だけで済みます。数式の修正は必要ありません。日々増減するデータを参照するしくみを作成する際には、テーブル機能（P.198 参照）と同様に、とても便利なしくみなのです。セル参照が苦手だという方ほど、どんどん活用してみてください。

関数はグループ分けにも使える

○か×かも関数でグループ分け

Excel の数式の便利な点は、数学的な計算ができるだけではなく、グループ分けまで計算で行える点です。図15ではD列に「C列の値が1000以上かどうか」を判定する数式が入力されています。

●図15 値が1000以上かどうかを数式で判定し、グループ分けする

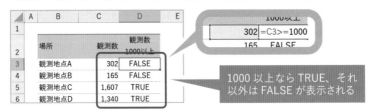

このような判定を行う式を「論理式」や「判定式」「条件式」と呼びます。論理式は、ふたつの値を比較演算子で指定したルールで比較し、条件を満たしていれば「TRUE（真）」、満たしていなければ「FALSE（偽）」という値（論理値）を返すしくみです。比較演算子の書式と、使用できる種類は以下のとおりです。

●比較演算子の書式

= 値 1 比較演算子 値 2

●論理式で利用する比較演算子

A > B	AがBより大きい	A > = B	AがB以上
A < B	AがBより小さい	A < = B	AがB以下
A = B	AとBが等しい	A < > B	AとBが等しくない

用語がちょっと難しいですが、ようするに「大きいか小さいか」「同じがどうか」といった問いに対して、「○か×か」で答える代わりに「TRUEかFALSEか」で答えを出してくれるしくみです。

論理値をもとに目的のデータを絞り込む

論理式のしくみを使えば、大量のデータのなかから条件を満たすものだけを探しやすくなります。例えば「売上が100万以上のデータ」「文字数が7文字以上の名前」「取引日が2月の期間中のデータ」など、さまざまなグループ分けが簡単になります。

論理値をもとに表示内容を切り替える

また、関数のなかには論理値を利用して、表示する値や計算方法を切り替えられるものも多くあります。図16ではIF関数（P.102）を使って、「観測数が1000以上かどうか」を論理式で判断し、「○」「-」の2種類の値のどちらを表示するかを切り替えています。

●図16 「1000以上なら○を表示」など、表示の切り替えにも使える

	A	B	C	D
1				
2		場所	観測数	観測数 1000以上
3		観測地点A	302	-
4		観測地点B	165	-
5		観測地点C	1,607	○
6		観測地点D	1,340	○

このような「○○かどうか」という判定は、手作業でやろうとするとかなり大変です。データ数が増えれば増えるほどその手間はどんどん増加していきます。

しかし、論理式を作成し、それをコピーしてしまえば、どんなデータが多くても一発でグループ分けできます。しかも、手作業とは違ってグループ分けのミスがありません。むしろ、積極的にExcelに判断してもらった方がすばやく正確に作業ができるのです。

条件に応じて表示する値や計算を切り替えるIF関数

論理式を利用する関数のなかで、ぜひ覚えておきたいのが IF 関数です。IF 関数は、論理式の結果に応じて表示する値や、行う計算を 2 パターンに切り替えられる関数です。

●IF関数の構文と引数

=IF(論理式 , 値が真の場合 , 値が偽の場合)

論理式　　　　TRUE か FALSE かを返す論理式
値が真の場合　論理式の結果が TRUE のときの表示内容
値が偽の場合　論理式の結果が FALSE のときの表示内容

論理式は便利ですが、返ってくる答えが「TRUE」か「FALSE」です。ちょっと見た目にうるさいですよね。さらに、論理式を知らない人にとっては謎の単語です。データの集計作業中ならまだしも、最終的に出力する表のなかでは表示させたくありません。

そこで使うのが IF 関数です。図 17 では「得点列の値が 80 以上」という論理式を満たす場合には「○」を、そうでない場合は「×」を表示しています。

●図17　IF関数を使い、得点によって○×を切り替える

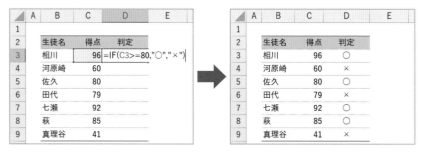

データを C 列に並べて置き、「判定」列の先頭行で、「C3>=80」という相対参照の形で論理式を利用して IF 関数の関数式を作成すれば、残り

の行はコピーするだけで同じ判定と表示を行えます。論理式をもとに、表示する結果が切り替えられました。

計算方法を切り替えることも可能

2番目、3番目の引数には表示したい内容を指定しますが、この内容は単純な値だけではなく、数式も指定可能です。このしくみを利用すると、論理式の結果に応じて、計算方法を切り替えることも可能です。

図18では「クーポン」列の値が「有」かどうかによって、「価格*80%」の計算を行うか、「価格」の値をそのまま表示するかを切り替えています。

●図18　クーポン適用があるかないか判定し、計算方法を切り替える

	E	F	G	H	I	J	K
1							
2		商品	価格	クーポン	請求金額		
3		STV-1500	150,000	有	=IF(H3="有",G3*80%,G3)		
4		STV-1500	150,000				
5		TN-01-K	220,000	有			
6		TN-01-M	220,000				

論理式の結果によって、
計算方法を切り替えている

	E	F	G	H	I	J
1						
2		商品	価格	クーポン	請求金額	
3		STV-1500	150,000	有	120,000	
4		STV-1500	150,000		150,000	
5		TN-01-K	220,000	有	176,000	
6		TN-01-M	220,000		220,000	

「クーポンがある場合のみ2割引、そうでない場合は通常価格」というような計算が、論理式のしくみとIF関数を組み合わせることで自動化できるわけですね。

IF関数はこのような、手作業時には**人間が行っている**「**判断**」「**判定**」を、**データ入力しただけで自動的に行ってくれるしくみにしたい**ときの大定番であり、要となる関数です。使えるようになると、Excelの便利さがワンランクアップします。ぜひ、押さえておきましょう。

条件に合うもののみを集計する

　論理式を利用できる関数のなかには、条件を満たすもののみを集計する関数が多数あります。図19では、保管場所・日付・出庫数の3列を持つ表から、特定の保管場所や、特定期間のデータを集計しています。

●図19　条件を満たすもののみを集計する関数の例

	A	B	C	D	E	F	G
1							
2		保管場所		日付	出庫数		場所ごと集計	
3		倉庫A		3月3日	180		倉庫A	2,010
4		保管庫B		3月17日	220		保管庫B	430
5		倉庫A		4月1日	1,000			
6		倉庫A		4月10日	500		期間の集計	
7		保管庫B		5月8日	210		開始日	4月1日
8		倉庫A		5月29日	330		終了日	5月10日
9							出庫数	1,710

特定の保管場所を条件にしてデータを集計している

特定の期間を条件にしてデータを集計している

●「倉庫A」のデータの合計を求める関数式

=SUMIF(B3:B8,"= 倉庫 A",D3:D8)

●「4/1〜5/10」のデータの合計を求める関数式

=SUMIFS(D3:D8,C3:C8,">=2024/4/1",C3:C8,"<=2024/5/10")

　条件付きの集計を行う関数の一番のメリットは、特定条件のデータを正確に集計できる点です。手作業で集計する場合、どうしても集計にヌケやモレが出ます。データが大量になればなるほどその危険は増します。

　しかし、条件付き集計を行う関数は、「どういったデータなのか」の判断を、論理式を使って正確に判別し、集計するため、データの量の増減にかかわらず、正確に、しかもすばやく集計してくれるのです。

○○IF関数と○○IFS関数

　条件付き集計を行う関数は、「SUMIF 関数」や「SUMIFS 関数」をは

じめとして、「集計関数名 +IF」や「集計関数名 +IFS」という関数名で整理されています。「IF」と「IFS」の違いは、グループ分けに使う論理式をひとつだけ指定するか、複数指定するかです。

●条件付きで集計する関数の例

1条件で集計	○○IF関数： SUMIF関数／AVERAGEIF関数／COUNTIF関数など
複数条件で集計	○○IFS関数： SUMIFS関数／AVERAGEIFS関数／COUNTIFS関数など

　それぞれの関数として代表的な、SUMIF 関数と SUMIFS 関数を通じて使い方を見てみましょう。

●SUMIF関数の構文と引数

=SUIMIF(範囲 , 検索条件 , [合計範囲])

範囲　　　　判定を行うセル範囲
検索条件　　条件となる値や式
合計範囲　　合計対象の値のセル範囲。省略時は範囲が対象

　SUMIF 関数など、1 条件で集計するタイプの関数は、「値をチェックするセル範囲」「そのセル範囲に対する条件式」「集計したい値のセル範囲」の順番で引数を指定します。特徴的なのは、引数「検索条件」の指定方法です。引数「範囲」のセル範囲に対してグループ分けの基準となる条件を指定するのですが、比較演算子を使った文字列の形で指定します。

●引数「検索条件」の例

"=田中"	値が「田中」のデータ（"田中"だけでもOK）
">=1000"	値が1000以上のデータ

　論理式と似ていますが、ふたつの値と比較演算子で作成するのではなく、比較演算子とひとつの値を、文字列の形で指定します。

SUMIFS 関数など、複数条件で集計するタイプの関数は、「集計したい値のセル範囲」を指定し、そのあとで「値をチェックするセル範囲」「そのセル範囲に対する条件式」をセットで列記していきます。

●SUMIFS関数の構文と引数

=SUMIFS(合計対象範囲 , 条件範囲 1, 条件 1[, 条件範囲 2, 条件 2])

合計対象範囲	合計対象のセル範囲
条件範囲 1	判定を行うセル範囲。ひとつ目
条件 1	条件となる値や式。ひとつ目
条件範囲 2, 条件 2...	ふたつ目以降の判定セル範囲と条件式

「合計範囲・セットひとつ目・セットふたつ目……」です。合計の対象となるのは、すべてのセットの条件を満たすデータとなります。
　「○○ IF 関数」は、最後の引数に集計したい値のセル範囲を指定するのに対して、「○○ IFS 関数」は、最初の引数に集計したい値のセル範囲を指定するという違いに注意しましょう。

複数条件のいずれかを満たすデータを集計するには
　複数条件を「すべて」満たすデータの集計は「○○ IFS」関数で行えますが、「いずれか」を満たすデータの集計はひと手間必要です。
　もっともシンプルな方法は、条件の分だけ論理式を作成しておき、最後に OR 関数を使って判定する方法です。

●図20　OR関数を利用して「商品がりんごか蜜柑」を判定する

	A	B	C	D	E	F	G	H	I
1									
2		出庫履歴　単位：箱							
3		ID 商品		数量		商品が「りんご」	商品が「蜜柑」	いずれかを満たす	
4		1 りんご		360		TRUE	FALSE	=OR(F4,G4)	
5		2 蜜柑		390		FALSE	TRUE	TRUE	
6		3 レモン		300		FALSE	FALSE	FALSE	
7		4 りんご		250		TRUE	FALSE	TRUE	

OR 関数は、引数に指定した論理値のいずれかが「TRUE」であれば「TRUE」を返し、そうでなければ「FALSE」を返します。「どれかひとつでも当てはまればOK」というタイプのグループ分けができるわけですね。

●図21 「りんごか蜜柑」の条件で数量を集計する

	A	B	C	D	E	F	G	H	I	J	K
1											
2		出庫履歴　単位：箱									
3		ID	商品	数量		商品が「りんご」	商品が「蜜柑」	いずれかを満たす		商品が「りんご」か「蜜柑」	
4		1	りんご	360		TRUE	FALSE	TRUE		=SUMIF(H4:H13,"=TRUE",D4:D13)	
5		2	蜜柑	390		FALSE	TRUE	TRUE			
6		3	レモン	300		FALSE	FALSE	FALSE			
7		4	りんご	250		TRUE	FALSE	TRUE			
8		5	レモン	180		FALSE	FALSE	FALSE			
9		6	蜜柑	300		FALSE	TRUE	TRUE			
10		7	りんご	190		TRUE	FALSE	TRUE			
11		8	蜜柑	490		FALSE	TRUE	TRUE			
12		9	レモン	320		FALSE	FALSE	FALSE			
13		10	りんご	480		TRUE	FALSE	TRUE			

　グループ分けができたら、その結果列をもとに SUMIF 関数などで集計を行えば、「いずれかを満たすデータ」の集計が可能となります。
　このように、**論理式のしくみが利用できると、人間が行っていた「判定」をさまざまに自動化できます**。すばやく、正確なグループ分けに集計を行うのには必須のしくみと考え方ですね。マスターして、Excel の便利さをワンランク上げていきましょう。

【Memo】 IS系関数を調べてみよう

　論理式のしくみを使った関数には、［数式］-［その他の関数］-［情報］ボタンにある「IS○○」関数があります。
　これら ISNUMBER 関数（数値かどうかを判定）や ISBLANK 関数（空白セルかどうかを判定）などは、「○○かどうか」を判定し、結果を TRUE か FALSE で返します。通常の論理式では判定がちょっと難しい「○○かどうか」は、この IS系の関数で判定できるものがそろっています。論理式の作成で問題にぶつかったら、一度調べてみましょう。

表から検索をするための関数

論理式と並んで、**使いこなせると便利さがワンランク上がるしくみが「表から検索できる関数」**で、いわゆる「表引き」を行う関数です。

例えば、図22では、商品に関する一覧を作成してあります。他の表のなかでこの商品データを再利用したい場合、表引きのできる関数を利用すると、「商品idを入力すれば、残りのデータが自動表示される」しくみが簡単に作成できます。

●図22 「商品id」で「表引き」して残りのデータをまとめて表示する

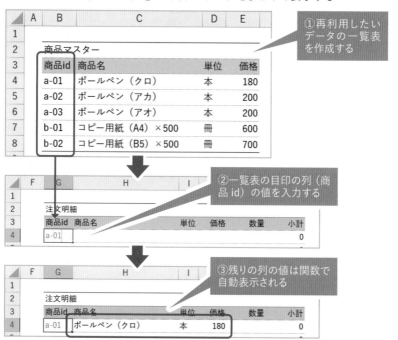

作成済みの表から対応する値を自動表示できるため、1回検索もととなる表を作成してしまえば、以降は最小の入力をするだけで、関連データをすばやく表示できます。また、値を自動表示するため、手入力のときのような入力ミスは起きず、「クロ」と書くルールのところを「黒」と書いて

しまうような、表記の「ゆれ」も起こらなくなります。

　例えば、図23の伝票型のシートは、商品idを入力するだけで対応する商品の情報を表示し、さらに数量を入力すれば、自動的に小計や請求額などが計算されます。このようなしくみが関数を利用して作成できるのです。

●図23　検索のしくみを使った伝票シートの例

商品のidと数量のみを入力するだけで、残りの部分は自動的に入力・計算してくれる

　見積もりや注文、経費の記録など、日々入力を行っていくタイプのデータの入力・管理作業が、すばやく正確にできるようになりますね。

表引きの代表的な関数がVLOOKUP関数とXLOOKUP関数

　Excel 2019以前のバージョンの代表的な「表引き」ができる関数がVLOOKUP関数です。

●VLOOKUP関数の構文と引数

= VLOOKUP(検索値, 範囲, 列番号, [検索方法])

検索値	範囲から調べたい値
範囲	左端が検索列となっているセル範囲
列番号	表引きしたいデータのある列番号
検索方法	TRUE／省略で「近似検索」、FALSEで「完全一致検索」

　VLOOKUP関数は、引数「検索値」の値を、引数「範囲」の一番左の列から検索し、見つかった行のデータのうち、引数「列番号」で指定した順番のデータを表示します。

図 24 では、セル G4 の値を、セル範囲 B4:E8 の表の一番左の「商品id」列から検索し、見つかったデータの 2 列目の値を返します。結果として、セル G4 の値に対応するデータの、「商品名」列の値が表示されます。

●図24 「商品id」で左の表を検索、2列の「商品名」の値を返す

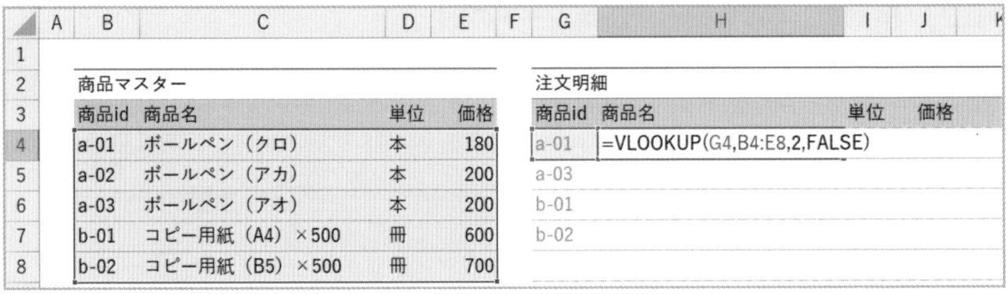

	A	B	C	D	E	F	G	H	I	J
1										
2		商品マスター					注文明細			
3		商品id	商品名	単位	価格		商品id	商品名	単位	価格
4		a-01	ボールペン（クロ）	本	180		a-01	=VLOOKUP(G4,B4:E8,2,FALSE)		
5		a-02	ボールペン（アカ）	本	200		a-03			
6		a-03	ボールペン（アオ）	本	200		b-01			
7		b-01	コピー用紙（A4）×500	冊	600		b-02			
8		b-02	コピー用紙（B5）×500	冊	700					

同じく、表引きして対応する「単位」「価格」列の値を表示する関数式を用意すれば、「商品 id」を入力しただけで残りの列の値を表示するしくみのでき上がりです。なお、このようなしくみを作成する際には、引数「検索方法」には、「FALSE（完全一致検索）」を指定しておきます。

Excel 2021 以降では、同じしくみを作成するのに XLOOKUP 関数を利用します。

●XLOOKUP関数の構文と引数

=XLOOKUP(検索値 , 検索範囲 , 戻り範囲 , [見つからない場合])

検索値	検索範囲から調べたい値
検索範囲	もとの表の検索対象となる範囲
戻り範囲	表引きをしたい範囲
見つからない場合	検索値が見つからない場合に表示する値

XLOOKUP 関数は、VLOOKUP 関数の強化版とも言える関数です。VLOOKUP 関数は、検索対象とする列をセル範囲の一番左に用意する必要がありましたが、XLOOKUP 関数はどの列も検索可能です。

また、検索結果として返す値も、1 セルの値だけではなく、セル範囲の値をまとめて返すことも可能です。VLOOKUP 関数では、5 列分の値を

自動表示したければ、5セルにそれぞれ関数式を入力する必要がありましたが、XLOOKUP関数ではひとつだけでOKです。大変便利です。

図25では、セルG4の値を、セル範囲セル範囲B4:E8の表のB列から検索し、見つかったデータのC:E列目の値を返します。

●図25 「商品id」で左の表を検索、C～E列の値をまとめて返す

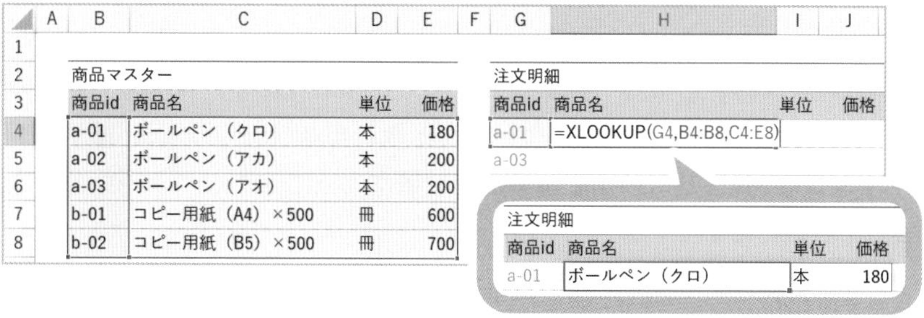

複数列のデータをまとめて返す場合には、関数式を入力したセルから「あふれて」表示されます。このしくみをスピルと言います。

人気のある表引き用の関数

表引きのしくみを作成できる関数は、さまざまなものが用意されています。Excel 2021以降ではXLOOKUP関数、それより前ではVLOOKUP関数と、INDEX関数とMATCH関数の組み合わせが人気があります。

●表引きに使える関数（抜粋）

Excel 2021以降	XLOOKUP関数（大本命） XMATCH関数
Excel 2019以前	VLOOKUP関数 INDEX関数とMATCH関数の組み合わせ DGET関数などのデータベース関数

バージョンによる差異が大きいので、ブックを作成する前に、「ブックを使うPCのバージョン」「メンテナンスを行う人のスキル」などを考えて、どの関数で表引きをするのか、のルールを決めておくのがよいでしょう。

関数は表をきれいに保つ
ためにも使える

関数とエラー値の関係

関数の多くは、必要な引数が指定されていなかったり、間違っていたりなどの原因で正しく計算できなかったときにはエラー値を返します。エラー値は数種類あり、表示されるエラー値によってどんなエラーなのかを知らせてくれます。

図26では、VLOOKUP関数を使って「id」をもとに「商品名」「価格」の値を表引きするしくみを作成していますが、「id」が未入力の場合にはエラー値「#N/A」が表示されています。

●図26　値が未入力のときや正しくない場合などに、エラーが出る

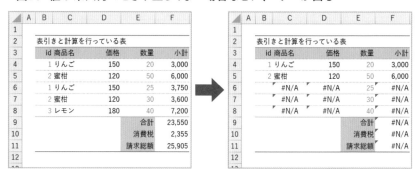

エラー値は「ここが変ですよ」と知らせてくれる非常にありがたいしくみなのですが、作表時には見栄えが悪いしくみでもあります。

とくに、**表引きのしくみを作成する際には、検索値を入力するまでエラー値が表示されたままになってしまう、という状態**になりやすく、表引きした値を使った数式を作成してある場合は、図26右のように、そちらもエラー値が表示されてしまいます。ちょっと困りますよね。

●主なエラー値の種類と内容

エラー値	内容
#N/A	表引きの際に、検索値が見つからないなど、値が使用できない
#VALUE!	数値が必要なのに文字列が指定されているなど、計算できない状態になっている
#NAME?	関数名が間違っていたり、「名前」が間違っている
#DIV/0!	0（ゼロ）で除算をしようとしている
#REF!	セル参照ができない。参照していたセルを削除したり移動したりしたため、正しく参照できなくなったときに起きる
#スピル!	スピル表示できない。余計な値がスピル表示したいセル範囲にある場合に起きる

エラー値を扱う専用の関数が用意されている

　この問題は IFNA 関数や IFERROR 関数で対処が可能です。これらの関数は、ひとつ目の引数にエラーが発生する可能性のある数式を指定し、ふたつ目の関数に数式がエラーだった場合に表示する値を指定します。

●IFNA関数の構文と引数

=IFNA(値 , NA の場合の値)

値　　　　　　　　#N/A エラーの出る可能性のある数式
NA の場合の値　　数式が #N/A エラーだった場合に表示する値

●IFERROR関数の構文と引数

=IFERROR(値 , エラーの場合の値)

値　　　　　　　　合計対象のセル範囲
エラーの場合の値　判定を行うセル範囲。ひとつ目

　すると、数式の結果がエラーではない場合は数式の結果を表示し、エラーの場合にはふたつ目の引数に指定した値を表示します。
　このしくみを使って、**エラーの場合に空白文字列や「-」などを表示すると、エラー発生時でも表の見た目をきれいに保つことができます。**

図26では、セル範囲 C4:D8 の「商品」「価格」列では VLOOKUP 関数を使って表引きを行い、セル範囲 F4:F8 の「小計」列では価格の値と数量の値を乗算する数式を入力してありました。

　図27では、その数式に IFNA 関数や IFERROR 関数を利用することにより、「エラー値の場合は『-』を表示する」というしくみを作成しています。

●図27　エラー値の場合には「-」を表示するしくみを作成する

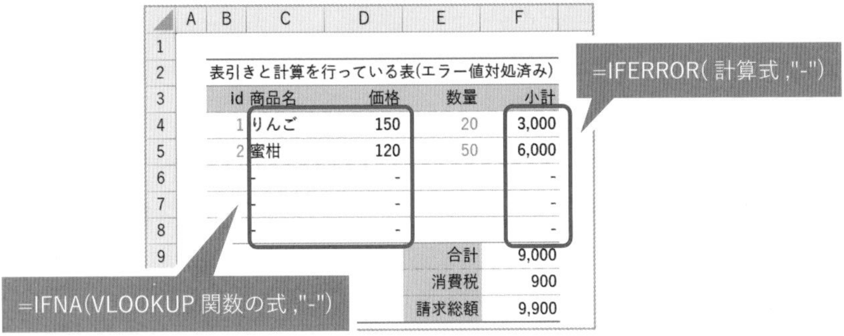

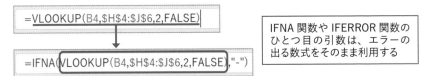

　IFNA 関数や IFERROR 関数を使った数式を作成する際には、まず、エラーの発生する可能性のある数式を単体で作成し、それが作成できたところで IFNA 関数や IFERROR 関数のひとつ目の引数に指定するようにすると、スムーズに作成できます。

●図28　IFNA関数やIFERROR関数の数式のかんたんな作成方法

=VLOOKUP(B4,$H$4:$J$6,2,FALSE)

=IFNA(VLOOKUP(B4,$H$4:$J$6,2,FALSE),"-")

> IFNA 関数や IFERROR 関数のひとつ目の引数は、エラーの出る数式をそのまま利用する

　エラー値は関数を利用していれば、必ず遭遇します。その場面がきたら、IFNA 関数や IFERROR 関数のことを思い出してください。エラー値に対処できるようになると、関数式の使い方や、表をきれいに保つ作業のレベルが1段階アップするのです。

［関数の挿入］ボタンで引数をダイアログから入力可能

［数式］－［関数の挿入］のボタンをクリックすると、［関数の挿入］ダイアログが表示されます。［関数の分類］から分類を選択すると、その下の［関数名］欄に選択した分類に属する関数がリストアップされます。

●図29:　［関数の挿入］ダイアログから利用したい関数を選ぶ

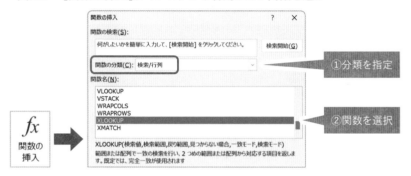

リストから使いたい関数を選択すると、［関数の引数］ダイアログが表示され、選択した関数の引数をダイアログから入力できます。

●図30:　説明を見ながら引数をダイアログ入力できる

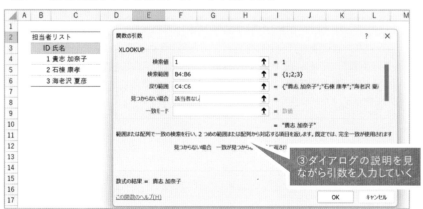

初めて利用する関数の引数を確認しながら入力したい場合などに便利です。

【Memo】関数の学習の視点

Excel の関数を用途別にざっくり分けてみると、以下の 4 つに整理できます。

1. 数学的な計算に使える関数

合計や平均をはじめとした、いわゆる計算に利用する関数。
SUM関数やAVERAGE関数など

2. 論理式を使ったグループ分けに使える関数

人間が行う「判断」の自動化に使える関数。
IF関数やSUMIF関数など

3. セル参照に使える関数

ブック内のどこかのセルを参照するために利用する関数。表計算アプリ独特の
しくみ。
VLOOKUP関数やOFFSET関数など

4. 配列を扱う関数

個々の値やセルではなく、一連の値やセル範囲をまとめて計算したり、変形し
たりするために利用する関数。Excel 2021以降のスピルのしくみに対応した新
しい関数。
FILTER関数、UNIQUE関数やXLOOKUP関数など

4つの分類はそれほど厳密ではなく、いくつかに重なっているものもありますが、
だいたいこのようになります。
「いわゆる計算に使う」「判断に使う」「どこかのセルの値を使う（使うセルを探す）」
「配列を計算してスピル表示する」ための関数が多数用意されています。
利用する関数を探す際には、どの用途に近いのか考えてから探してみると、目
的の関数が見つかりやすいでしょう。

4章

入力が
加速する
ショートカット

Excelはさまざまな操作をキーボードから実行できます。
ショートカットキーと呼ばれるこのしくみを知っておくことで
作業スピードやリズムが大きく変わってきます。
忙しい人必見のこのしくみを、押さえていきましょう。

なぜ最初にすばやく入力する方法を覚えるのか

「作成速度」に差が出る

　本章ではショートカットキーでの操作をご紹介します。ショートカットキーとは Ctrl キーを押しながら C キーを押すなど、特定のキーを組み合わせて押すことにより、対応する機能を実行するしくみです。

●ショートカットキー操作の例と表記

Ctrl + C キー	Ctrl キーを押しながら C キーを押す 選択セル範囲の［コピー］が行われます
Alt → H → H キー	Alt キーを押し、次に H キーを2回押す ［テーマの色］パレットを表示します

　普段はマウスやタッチパネルを使って行っているセルや機能の選択／実行を、キーボードで操作するわけですね。

　Excel での作業の多くは、キーボードを使ったデータや数式の入力です。そのため、各種操作も**キーボードから手を離さず実行できると作業スピードが上がります**。あまりにも差が出るので、なかには「マウスを使った操作は禁止」としてトレーニングを行う会社もあるほどです。

　作業をすばやく行えることは、時間的・精神的な面で余裕を生みます。その結果、ケアレスミスを減らしたり、操作以外の面をじっくり確認・学習する時間も確保できます。作業や学習の効率化も期待できるのです。

　普段マウス操作が中心の方は「本当かなあ？」「逆に面倒では？」と思う方も多いでしょう。ぜひ、一度試してください。すべての操作をキーボードで行わなくても構いません。一部の操作を覚えるだけでも、かなりExcel 操作の快適性や操作感が変わりますよ。

「作成の楽しさ」に差が出る

　ショートカットキーを併用した操作スタイルは、作業スピード以外にもメリットがあります。筆者が推したいのは「楽しさ」です。ショートカットキーを覚え、**覚えた操作を使うというのは、シンプルに楽しいのです。**

　楽しいと言っても、「よし」と思う程度の小さなものです。ですが、こ**の小さな楽しみが作業や学習に対するモチベーションを生みます。**

　皆さんも「この作業、長くなりそうで面倒だな。やりたくないな」と感じた経験があるかと思います。そして、嫌々ながらも作業を行っているうちに、だんだんと調子が出てきた経験があるのではないでしょうか。

　この「やっているうちに調子が出てくる」ための要素として大切なのが、作業中の小さな楽しみです。

　「自分で自分の機嫌を取る」のが大切とはよく言われますが、ショートカットキーはこの小さな楽しみをお手軽に味わえるしくみでもあります。しかも、作業速度の向上にもつながるのであれば一石二鳥です。どんどん活用していきましょう。

「正確さ」に差が出る

　キーボードによる操作は、**操作の正確性にもつながります。**Excel はセル単位でデータを管理するしくみのため、データを入力・取得したいセルを選択する操作を頻ぱんに行います。例えば、マウス操作で、数式を入力／編集する「セル内編集モード」に移行する際には、セルをダブルクリックしますが、これらの操作が「危ない」のです。

●図1　ダブルクリックでセル内を編集するつもりが、端まで移動してしまう

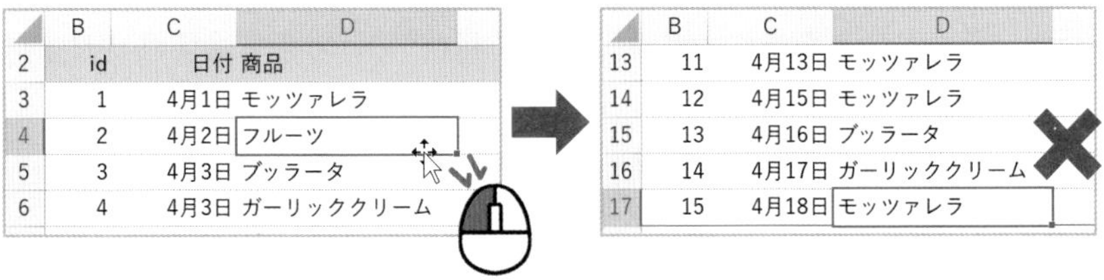

マウス操作を少し誤り、選択中のセルを示す枠の端をダブルクリックしてしまうと、「枠の方向の端まで移動」という操作と認識され、思ってもいなかった画面まで移動してしまいます。

作業も集中力も途切れるうえに、「端」までのデータ数が多い場合にはもとの作業位置に戻るのも一苦労です。一瞬のミスが、非常に作業の妨げになるのです。

しかし、**キーボードを使えばこの誤操作は起きようがありません**。セル内編集モードに移行したければ F2 キーを押すだけです。

●図2 F2 キーを押せば確実にセル内を編集できる

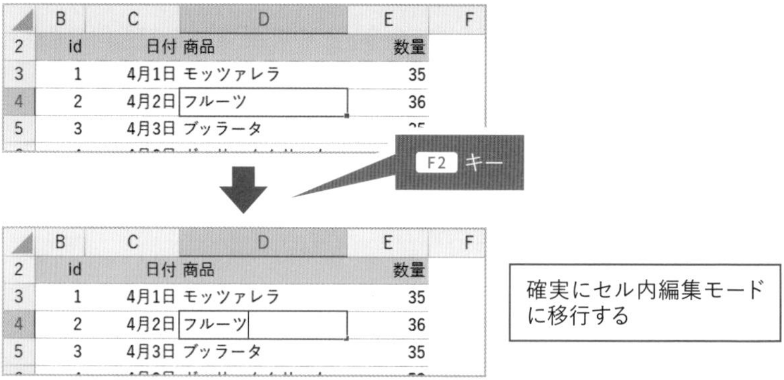

また、セルやセル範囲の選択も、矢印キーをメインに行えば、1セル単位で押した数の分だけ堅実に移動・選択可能です。

すばやく確実に作業を進めていける手段が、キーボードによる操作なのです。

「思考のロス」に差が出る

キーボードによる操作のもうひとつの利点が、「**思考を途切れさせずに作業できる**」点です。

キーボードから手を離しマウスを操作する際、一瞬目線や操作リズムが途切れます。マウスからキーボードへと移動する際も同様です。この際、

ふっと思考も作業も途切れてしまうのです。

　すると、どこを操作しようと思っていたのだろう、どんな数式を作成しようと思っていたのだろう、と、思考や作業を思い出す時間が必要になります。この時間は単純に無駄ですし、思考がたびたび途切れると集中力も低下し、作業に対する意識が散漫になります。

　それに対し、キーボードのみの操作は操作リズムを保ち、ある程度ブラインドタッチができる方であれば、目線も外さずに操作を続けることが可能です。集中力を保ったまま、思考や作業を継続できるのです。

　キーボードのみの操作には、以上のような利点があります。その際にキモとなるのが、各種操作を行うショートカットキーというわけです。

　すべての操作をキーボードのみで行えるのが理想ですが、ある程度覚えるだけでも、十分に有用です。Excel で作業する時間が長い方や長くなりそうな方ほど、その効果を実感されるかと思います。本格的に作業や学習を進めるのであれば、まず一度、体験してみてください。

【Memo】快適な操作に意外と貢献しているのがテンキー

　Excel の快適な作業に重要なのがテンキーの存在です。テンキーとは、主にキーボードの右端にある、数値入力用のキー群を指します。Excel では数値を入力する機会が多いため、あるとないとでは作業効率がグッと変わってきます。

●図3　テンキーがあると入力効率がぐっと上がる

> あると便利というレベルを超え、ないと不便なレベルのテンキー。`Page Up` `Page Down` キーや矢印キーも含んでいると、さらにベター

　ノートやタブレット PC のキーボードにはないことが多いのですが、Excel での作業が多い場合、テンキー付きキーボードを別途購入するのも十分検討に値するレベルで便利なのです。外付けのキーボードを購入する場合には、数字に加え `Page Up` `Page Down` キーや矢印キーも含んでいる製品を選ぶのがお勧めです。数値入力だけでなく、シート間の移動やセル選択もグッと楽になります。

データ入力には
すばやい選択が必要

Ctrl + A キーでできるいろいろな一括選択

真っ先に覚えたいショートカットキーが F2 キーによるセル内編集モードへの移行と、Ctrl + A キーによる全体選択です。

F2 キーでセル内編集モード

F2 キーを押すと、選択中のセルの値や数式を編集するセル内編集モード（P.21）に移行します。とくに数式を編集する際に頻ぱんに使う機能ですので、優先的に覚えてしまいましょう。

Ctrl + A キーで全体選択

Ctrl + A キーを押すと、現在選択しているセルをもとにした「全体」を選択します。例えば、図4のように表内の任意のセルを選択している状態で押すと、表全体を選択します。

●図4　表内で Ctrl + A キーを押すと、表全体をすばやく選択できる

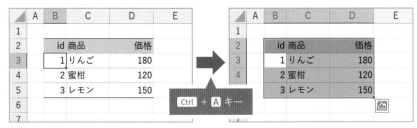

最初に選択しているセルは、表内であればどのセルでも構いません。そのセルを基準として、連続してデータが入力されている範囲を「表」とみなして全体を選択します。表単位でコピーや転記を行う場合に非常に便利

ですね。

　ショートカットキーは、「全体（All）」選択なので「A」と覚えましょう。なお、ショートカットキーの多くは、Ctrl キーを押しながら特定のキーを押す、という形で利用します。

　表全体を選択した状態でさらに Ctrl ＋ A キーを押したり、表の外のセルを選択して Ctrl ＋ A キーを押すと、今度はシートのセル全体を選択します。

●図5　Ctrl ＋ A キーを何回か押すと、全セルを選択できる

　表のなかのセルを選択していても、Ctrl ＋ A キーを1回押し、そのまま A キーだけを離し、もう一度押せば全セルを選択できるわけですね。Ctrl ＋ A ・ A キーと、ポンポンと A キーを2回押しましょう。

　最初にシート全体のフォントを設定する際など、全セルを選択する機会は多くあります。その際にこの操作が便利なのです。

　いろいろな「全体」を選択したい場合の定番が、Ctrl ＋ A キーなのです。

【Memo】Ctrl ＋ Shift ＋✻キーでも表全体を選択できる

　表内の任意のセルを選択し、Ctrl ＋ Shift ＋✻キー（ひらがなの「け」のあるキー）を押しても、表全体を選択します。この操作は「アクティブセル領域（選択セルを基準として、連続してデータが入力されているセル範囲）」を選択する操作となります。

　Ctrl ＋ A キーで選択できる範囲とほぼ同じですが、少し違いがあります。テーブル機能（P.198）を利用している場合、Ctrl ＋ A キーはテーブル範囲「全体」のみを選択し、Ctrl ＋ Shift ＋✻キーはテーブル外も含めて、連続してデータが入力されているセル範囲を選択します。

Ctrl + Shift +矢印キーで行・列を選択する

Ctrl キー、Shift キー、そして矢印キーを組み合わせると、簡単・確実にセルの移動と範囲選択ができます。

「端」まで移動

Ctrl キーを押しながら矢印キーを押すと、現在のセルを起点として、その方向の「端」まで一気に移動します。「端」とは、値が入力されている範囲の終端や先頭、シート全体の先頭・終端になります。

図6ではセルB3を選択した状態で Ctrl + → キーを押すことで、同じ行の表内の「右端」であるセルE3まで一気に移動しています。

●図6 Ctrl +矢印キーで、一気に「端」まで移動できる

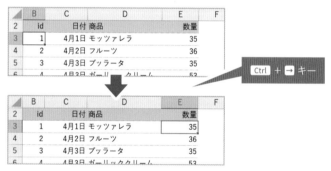

大きな表でも先頭や終端に一気に移動できるため、かなり便利ですね。

範囲を確実に選択

Shift キーを押しながら矢印キーを押すと、現在のセルを起点として、その方向に選択セル範囲を拡張します。

セル範囲の選択はマウスのドラッグ操作でも可能ですが、選択したいセル範囲が広くなってくると、操作が難しくなります。しかし、Shift + 矢印キーであれば1行／1列単位で確実に拡張選択していけます。

図7では、セルB3を選択した状態で Ctrl キーを押したまま → キーを

2回連続で押すことで、セルB3を基準に「右に2列分」だけ拡張し、セル範囲B3:D3を選択しています。

●図7 　Shift ＋矢印キーを押すと、選択範囲が広がる

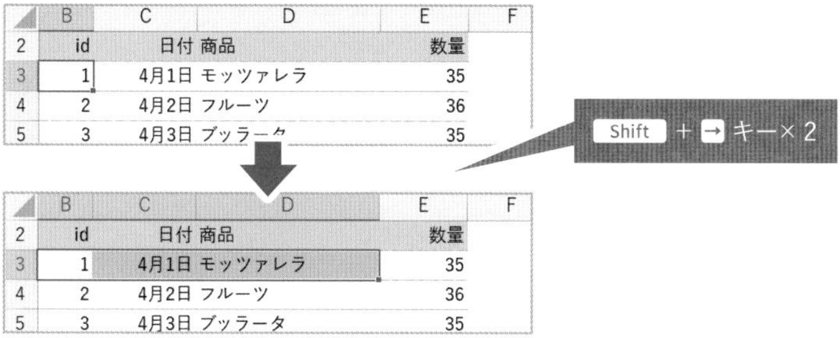

	B	C	D	E	F
2	id	日付	商品	数量	
3	1	4月1日	モッツァレラ	35	
4	2	4月2日	フルーツ	36	
5	3	4月3日	ブッラータ	35	

Shift ＋ → キー×2

	B	C	D	E	F
2	id	日付	商品	数量	
3	1	4月1日	モッツァレラ	35	
4	2	4月2日	フルーツ	36	
5	3	4月3日	ブッラータ	35	

　さらに ↓ を2回押せば、さらに「下に2行分」だけ拡張し、セル範囲C3:D5が選択されます。矢印キーを押しっぱなしにすれば、長いセル範囲の選択もOKです。

Ctrl ＋ Shift ＋矢印キーで端まで選択

Ctrl キーと Shift キーは併用可能です。図8ではセルD3を選択した状態で Ctrl ＋ Shift ＋ ↓ キーを押し、下端までのセル範囲であるセルD3:D17を一気に選択しています。

●図8 　Ctrl ＋ Shift ＋矢印キーで、一気に端まで選択できる

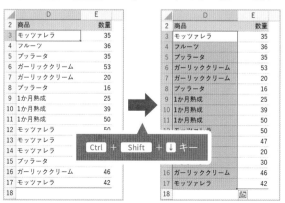

「隣の列」「下の行」を選択／入力するためのテクニック

　表を作成している際には「隣の列に数式列を追加したい」「下の行に新規データを入力したい」など、既存の行・列と同じ大きさのセルを選択して作業したい場面があります。

　そんなときは、既存の表をもとに同じサイズの「隣の列」「下の行」を選択する方法を押さえておくと作業がはかどります。

「隣の列」「下の行」を選択するパターン

「隣の列」を選択するには、以下の手順で選択します。

1. [Shift] + → キーで隣まで選択セル範囲拡張
2. [Shift] + [Tab] キーでアクティブセルを隣の列の末尾に移動
3. [Shift] + → キーで選択セル範囲を縮小

●図9 「隣の列」を選択したいときに便利な連続ショートカット

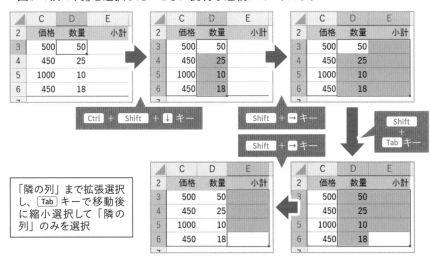

　[Shift] ＋矢印キーによる選択範囲の拡張／縮小はアクティブセル（最初に選択した白くハイライトされているセル）が基準になります。

そこで、いったん基準セル範囲の「隣の列」まで拡張選択し、アクティブセルを移動後に縮小選択することで、「隣の列」のセル範囲のみを選択していきます。

言葉にするとややこしいですが、実際には、基準セルを選択し、Shift キーを押しっぱなしにしたまま→、Tab、→と順に押すだけです。

図9では「数量」列の隣の「小計」列に数式をまとめて入力するために範囲を選択します。セルD3を起点とし、

1. Ctrl + Shift + ↓ キーで見出しを除く「数量」を選択
2. Shift + → キーで同じ大きさの「小計」まで拡張
3. Shift + Tab キーで「小計」の末尾セルをアクティブセルに
4. Shift + → キーで「小計」列のみに縮小

という手順で「小計」列のみを選択しています。何か値が入力されている列であれば、Ctrl + Shift + ↓ キーで一気に選択できるのですが、まだ入力をしていない場合にはそうはいきません。

そこで、「値の入っている隣の列で範囲選択し、その範囲をもとに本命の列を選択する」という考え方で選択するわけですね。

なお、この方法で隣の列を選択した場合のアクティブセルは、列の末尾のセルの状態です。そこからさらに Tab キーのみを押せば、列の先頭のセルが選択されます。

同様に、「下の行」を選択したい場合には、基準の行全体を選択後に Shift キーを押しっぱなしにしたまま↓、Enter、↓です。

とくに大きな表の「隣の列」「下の行」を選択したい場合には、ショートカットキーによる選択方法を覚えておくと、簡単になります。

【Memo】Tab キーと Shift + Tab キーで移動

セルを範囲選択している場合、Tab キーを押すと範囲選択を保ったまま、アクティブセルを「次のセル」へと移動します。同様に、Shift + Tab キーを押すと「前のセル」へ移動します。くわしくはP.136を参照してください。

［ジャンプ］機能で確認して戻る

　いくつかの表を作成し、それを見ながら作業を進めていく際に重要なのが、それぞれの表をすばやく行き来する手段です。

　手軽に表を行き来できないと、「画面を移動するのが面倒くさい」という理由から、「全体として何とか1画面に収まる表」を作成しようという方向で作業を進めてしまいがちになります。そうやって作成された表は、小ぢんまりとした仕上がりになり、見やすい表にはなりにくいのです。

　そうならないために、すばやく複数の表を行き来できるしくみを押さえておきましょう。

「名前」を目印に［ジャンプ］する

　手軽な方法は［名前］機能と［ジャンプ］機能の組み合わせです。セル範囲を選択し、画面左上の［名前］ボックスに任意の名前を入力すると、そのセル範囲を「名前」を使って参照できるようになります。

●図10　選択したセル範囲に名前を付ける

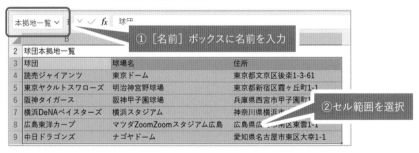

　あとで見たいデータのある表に「名前」を付けておきましょう。

　名前を付けた範囲へ移動したくなったら、 F5 キー、もしくは、 Ctrl ＋ G キーで［ジャンプ］ダイアログを表示します。すると［移動先］欄に先ほど付けた「名前」や、テーブル化したセル範囲（P.202）が表示されていますので、選択して Enter キーを押せば移動（ジャンプ）完了です。簡単ですね。

●**図11 ［ジャンプ］ダイアログを表示し、名前を付けた範囲へ移動**

［ジャンプ］機能は、シートをまたいでの移動も可能です。表ごとにシートを分けて管理してある場合でも、同じ方法で移動できるわけですね。

データ確認などの作業をしたら、再び［ジャンプ］ダイアログを表示します。すると、［参照先］欄にジャンプ機能を実行した時点のセル番地が記録されています。そのまま [Enter] キーを押せばもとの位置へ移動します。

●**図12 [F5] → [Enter] キーでもとの位置に戻れる**

［ジャンプ］機能はセル番地を記録していくため、使用しているうちに［移動先］欄がうるさくなるという弱点がありますが、非常に便利です。

その他、「表ごとに別シートに分け、[Ctrl] + [Page Up] ／ [Page Down] キーですばやく目的のデータのあるシートへ移動する」「ナビゲーションウィンドウが利用できるバージョンであれば［表示］-［ナビゲーション］から表示し、移動の際に利用する」など、すばやく移動できる手段を用意しておくと、複数の表のデータを利用した作表や計算がはかどります。

セルにまとめてデータを入力する便利技はこれ

SECTION 4-3

まずは「オートフィル」を覚える

連番や同じ値、同じ行や列を使った数式の入力など、Excelにはさまざまな「連続」するデータや数式を入力する機会があります。その際の切り札がオートフィル機能です。Excelの代名詞的な機能ですね。

すでにP.36でもご紹介しましたが、もう一度深く掘り下げてみましょう。最も手軽な入力方法は、オートフィル機能を使いたい値や数式の入力されたセルを選択し、セル選択枠の右下にあるフィルハンドルをダブルクリックする方法です。

●図13　フィルハンドルのダブルクリックで、連続データや数式を入力

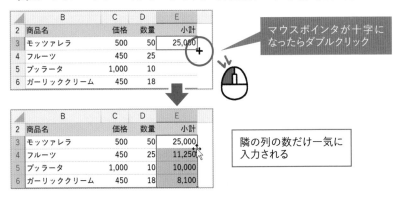

すると、隣の列などの情報から自動的にオートフィルを行うセル範囲が判断され、オートフィル入力されます。**100行、1000行とデータ数が増えても同じ操作ですべての行に一気にデータを入力できます。**

また、キーボード操作で同じように入力するには、図14のようにオートフィル機能を使いたい値や数式の入力されたセルを起点に範囲選択し、

<kbd>Ctrl</kbd> + <kbd>D</kbd> キーを押します。すると、選択範囲に対して下方向にコピー操作が行われ、オートフィル入力時と同じように入力されます。

●**図14　キーボード操作で、選択セル範囲に連続データや数式を入力**

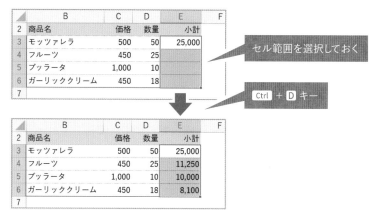

値や書式のみオートフィルするには

　オートフィルでは書式もコピーされますが、もとの書式を保ったままにしたい場合は、図15のようにいったんオートフィル入力を行い、直後に表示される［オプション］メニューを押します。そのなかから［書式なしコピー］を選択すると、値や数式のみがオートフィル入力されます。罫線などで作表済みの表内でも安心してオートフィル機能が活用できますね。

●**図15　オートフィル入力のあとにオプション設定で修正できる**

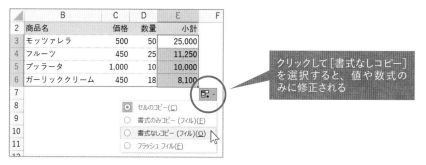

「絶対参照」と「相対参照」を使いこなす

　数式のオートフィル機能を行う際のポイントとなるのが、セルの参照方法です。セル参照には絶対参照と相対参照があることは、すでに P.34 でもご紹介しましたが、もう少し深掘りしていきましょう。

割り切って二択で使っても十分便利

　参照式は「行のみ固定」「列のみ固定」という複合参照も利用できます。図 16 では「=$B3+C$2」という複合参照式を作成してオートフィル入力を行い、掛け算の九々のような表を作成しています。便利ですね。

●図16　複合参照を使った数式で、行・列方向に一気に入力する

◢	B	C	D	E	F
2		10	20	30	40
3	1	=$B3+C$2			
4	2				
5	3				
6	4				
7	5				

◢	B	C	D	E	F	G
2		10	20	30	40	50
3	1	11	21	31	41	51
4	2	12	22	32	42	52
5	3	13	23	33	43	53
6	4	14	24	34	44	54
7	5	15	25	35	45	55

> 一気に入力できて便利だが、数式が難しい

　でも、確かに便利なのですが、苦手だという方も多いのではないでしょうか。筆者も複合参照を作成するときはちょっと考えてしまいます。
　そんな場合は無理せず「相対参照か絶対参照か」の二択で考えましょう。つまり「動かしたいか動かしたくないか」です。シンプルですね。「動かしたくない」のであれば F4 キーを押して絶対参照にするだけです。

●図17　数式の編集で表示される枠をドラッグし、参照セルを修正する

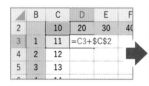

> 参照セルは、数式の編集時に「枠」で表示される。ここでは、赤の枠をドラッグで修正

　当然、参照セル範囲がズレることはあります。しかし、1 行や 1 列ズレる程度であれば図 17 のように、数式編集時に参照セル範囲に表示される

枠の端をマウスによるドラッグ操作で移動し、修正することで、数式側も自動修正できます。作業の手を止めて考え込むよりは、こちらの方が集中力や作業テンポを切らすことなく作表が続けられます。

　なお、セル参照を示す枠は、四隅のハンドルをドラッグすることで参照セル範囲を拡張／縮小し、枠をドラッグすることで位置を変更できます。

参照設定のコツは、セル番地を見るのではなく「枠」を見る

　参照設定を考えるときのコツは、数式編集時にセル番地を見るのではなく、参照の「枠」を見ることです。枠を見て場所を確認し、その場所から参照を動かしたくなければ枠の色を確認し、数式側の同じ色のセル参照部分を選択して F4 キーを押して参照形式を変更します。

　とくにセル範囲を参照しているセル番地は、「$A$1:$C$10」など、見た目がシンプルにゴチャついています。そちらを見るよりも、**「枠の位置と色」を見て判断した方が単純に判断しやすい**のです。

　まずは相対参照でセルを参照してから、その枠を見て「動かしたいか、動かしたくないか」を判断します。複合参照を行う場合も枠の位置を見て「この場所から動かしたくないのは行／列のどちらか」を考えると参照式が作成しやすくなります。

●**図18　数式を見ずに枠を見て「何を動かしたくないのか」を判断する**

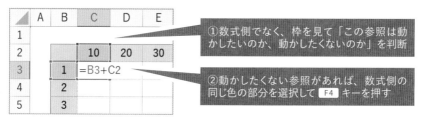

① 数式側でなく、枠を見て「この参照は動かしたいのか、動かしたくないのか」を判断

② 動かしたくない参照があれば、数式側の同じ色の部分を選択して F4 キーを押す

【Memo】右ドラッグでオートフィル

　フィルハンドルをドラッグする際、マウスの右ボタンでドラッグすると、オプションメニューが表示され、［書式なしコピー］などのオプションが選択できます。値や数式のみ入力したい際に活用していきましょう。

［Ctrl］+［Enter］キーという強力な入力方法

　セル範囲を選択してから値や数式を入力し、［Ctrl］+［Enter］キーで入力完了すると、選択セル範囲すべてにまとめて数式を入力できます。

●図19　［Ctrl］+［Enter］キーで、数式をまとめて入力できる

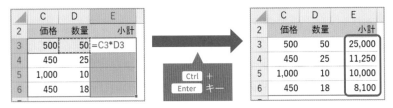

　参照式を入力した際には、アクティブセルを基準に［数式のみコピー］したのと同じ状態で入力されます。もとの書式を保ったまま、値や参照式をまとめて入力できるわけですね。

［選択オプション］と組み合わせて「埋める」

　［Ctrl］+［Enter］キーによる一括入力が便利な場面が、いわゆる「歯抜け」のデータを「埋める」作業時です。

　図20の表は「状態」列に何も値が入力されていないセルをいくつか持っています。この空白セルに値をまとめて入力してみましょう。

●図20　データが「歯抜け」状態の表

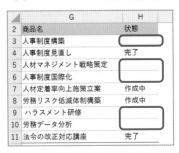

　まず、「状態」列全体を選択し、［F5］→［Alt］+［S］キーなどの操作で［選

択オプション］ダイアログを表示します。［空白セル］にチェックを入れ
［OK］ボタンをクリックすると、図21左下のように選択セル範囲内から
選択セルのみが選択された状態となります。この状態で値を入力し、Ctrl
＋ Enter キーを押すと、選択セル範囲に値をまとめて入力します。

●**図21　空白セルをまとめて選択し、まとめて入力する**

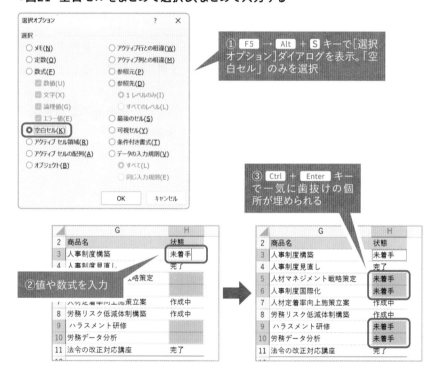

　結果として、空白セルを埋めることができました。

　［選択オプション］ダイアログからは、空白セルの他にも［数式（数式の
入力されたセルのみ）や［定数（値の入力されたセルのみ)］など、さま
ざまな条件でセルを選択できます。

　このしくみと Ctrl ＋ Enter キーを併用すれば、「数式のセルだけを選択
してまとめて修正」「値のセルだけを選択してまとめて数式に置き換える」
といった表の細かなメンテナンスが行えますね。

[Shift]キーと[Ctrl]キーで範囲選択してから入力

　一気にすばやくデータを入力する方法とは少し違いますが、特定範囲のみに確実にデータを入力・確認するときに便利な、範囲選択とショートカットキーを使った移動方法も覚えておきましょう。

選択セル範囲内をキー操作で移動する

　まずはおさらいです。[Shift]キーを押しながら矢印キーを押すと、その方向に範囲選択ができ、さらに[Ctrl]キーを併用すれば「端」まで一気に範囲選択することも可能でしたね。
　このとき、[Tab]、[Enter]そして[Shift]キーを押すと、選択セル範囲を保ったまま、アクティブセルの位置のみを移動できます。

●選択セル範囲内を移動するためのキー

[Tab]キー	次の列（右のセル／次の行の先頭セル）
[Enter]キー	次の行（下のセル／次の列の先頭セル）
[Shift]キー	[Tab]キーや[Enter]キーの「逆」のセル

　セル範囲選択時は、[Tab]キーで「次の列」に移動します。「次の列」というのは、右方向にまだ選択セル範囲があれば右のセルになります。

●図22　選択セル範囲内で[Tab]キーを押すと、「次のセル」に移動

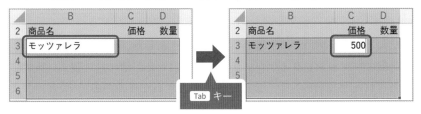

　値を入力し、[Enter]キーで確定するのではなく、[Tab]キーで確定させるわけですね。選択範囲の右端の列で[Tab]キーを押すと、今度は「次の列」である、ひとつ下の行の先頭セルへと移動します。

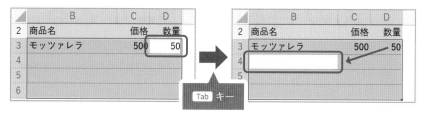

行をまたいで移動できるわけですね。また、 Shift + Tab キーで逆方向の「前の列」へ移動します。

Tab キーではなく Enter キーを押すと「次の行」に移動します。「次の行」というのは、下方向にまだ選択セル範囲があれば下のセルになり、選択範囲の下端行であれば、次の列の先頭行になります。

●図24　終端の行で Enter キーを押すと、次の列の先頭セルに移動

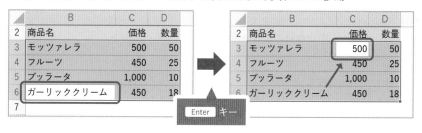

最初にセル範囲を選択しておけば、あとは Tab キーや Enter キーで選択範囲内のみを横、または縦方向に移動し、データの入力や確認をしていけるわけですね。

このしくみが役に立つのは、大きな表のデータの入力や確認です。行単位・列単位で値を順次入力したり、読み上げ確認を行う際に、確実に「次のデータ」の位置を選択できます。行・列をまたいでも同じキーを連続で押すだけでアクティブセルを移動できるため、操作ミスは起こりにくく、値の入力や確認に集中できます。

ちなみに、選択セル範囲の末尾のセルで Tab キーや Enter キーを押した場合、先頭セルへと移動し、同じく選択セル範囲の先頭セルで Shift ＋ Tab ／ Enter キーを押すと、末尾のセルへと移動します。

コピーを制すればデータや式の再利用がはかどる

Ctrl + C キーからの Ctrl + V キーでコピー&ペースト

表や数式を作成する際に頼りになるのがコピー機能です。**書式や数式を整えた表をひとつ作表できれば、残りはコピーするだけで同じ見た目・同じ機能を持つ表がいくつでも作成できます。**

コピーしたいセル範囲を選択し、Ctrl + C キーを押すと選択セル範囲をコピーします。すると、コピーしたセル範囲の周りが点線の枠で囲まれます。この状態をコピーモードと呼びます。

●図25 Ctrl + C キーからの Ctrl + V キーでコピー&ペースト

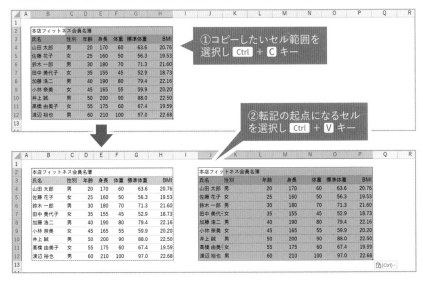

この状態で、転記したい位置の起点となるセル（左上となるセル）を選択し、Ctrl + V キーを押すとコピーしておいた内容が貼り付け（ペースト）

されます。

なお、コピーモードは Esc キーを押すと終了します。バージョンによっては、コピーモード時に Enter キーを押すだけでも貼り付けを行い、コピーモードを終了するしくみになっていますが、Ctrl + V キーでのペースト後にはコピーモードは継続したままになります。

このため、Ctrl + V キーでペースト後に何げなく Enter キーを押してしまうと、意図していない位置にペーストしてしまうこともあります。

そうならないよう、Ctrl + C → Ctrl + V → Esc キーまでを一連の操作としてクセを付けておくのがお勧めです。

Excel以外のアプリからでもコピー&ペースト可能

コピー & ペーストは Excel 以外のアプリのテキストやデータを Excel へと持ち込む際にも役に立ちます。

過去に作成した Word の文章や、ブラウザ上で検索した情報などを各アプリの画面で選択して Ctrl + C キーでコピーし、Excel に切り替えて Ctrl + V キーを押せばその内容を Excel へとペースト可能です。

●図26　ブラウザからExcelへとコピー&ペースト

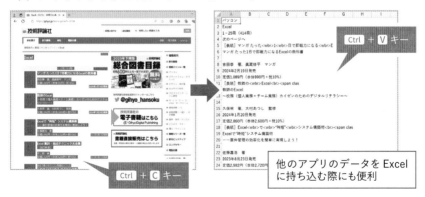

Ctrl + C → Ctrl + V キーでコピー & ペーストというのは、Excel の機能というより、OS レベルの機能というわけですね。カジュアルにデータのやり取りができる手段なので、さまざまな場面で活用していきましょう。

「値」と「式」の貼り付けルール

[Ctrl] + [V] キーで貼り付けた場合には、値や数式、そして罫線や背景色、表示形式のような書式もコピーされます。まるごとコピーしているわけですね。

参照式をコピーした場合の動き

コピーした数式内でセル参照を利用している場合は、参照形式に沿ったルールでコピーされます。

例えば、図27ではセルF4に「=E4*$C$2」という相対参照と絶対参照を使った数式が入力されています。式の内容を位置関係ベースで言うと「ひとつ左のセルと、セルC2の乗算」という内容ですね。

●図27　相対参照式は転記先に合わせて参照先が自動変更される

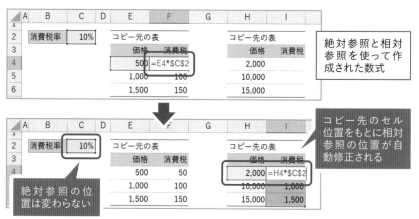

このセルF4をコピーし、セルI4に貼り付けてみると、「=H4*$C$2」という形でコピーされます。同じように「ひとつ左のセルと、セルC2の乗算」という形でコピーされていますね。

このように、参照式をコピーした場合は、相対参照のセル参照は位置関係をベースに参照セル番地を変更し、絶対参照のセル参照はセル番地を固定したままコピーされます。

このしくみがあるため、ひとつのセルでセル参照を使った数式を作成できれば、あとはコピーするだけで、同じ位置関係にある値を使った計算が完了します。

　コピーによる数式入力のメリットは、簡単さだけではありません。数式をそのままコピーをするため、コピーもとのセルできちんと計算式と参照位置の確認をしておけば、転記先のセル側でもまったく同じ計算ができます。つまり、**計算方法をうっかり間違うことがないのです**。

　手計算では1回1回の計算ごとにミスの可能性が生まれますが、コピーであればそんな心配は無用です。どんどんコピーしていきましょう。

数式をそのままコピーしたい場合は数式バーなどからコピー

　参照セルを自動修正してくれるしくみは便利なのですが、ときには作成した数式をそのままコピーしたい場合もあります。その場合には、セルを選択してコピーするのではなく、数式バーの内容をコピーし、コピー先のセルでも数式バーへとペーストします。

●図28　数式バーからコピー&ペーストすれば、参照は自動変更しない

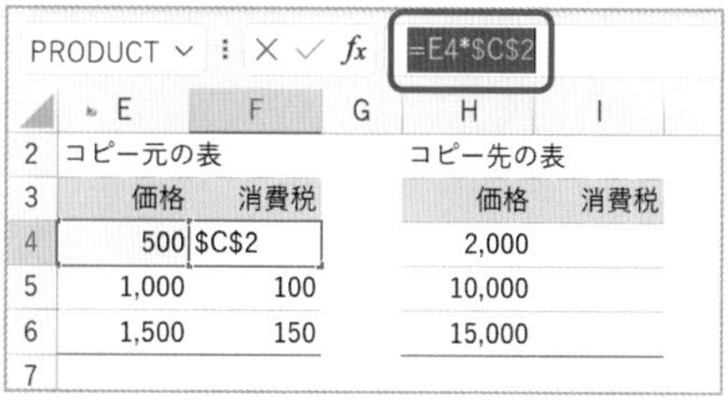

　数式バーを使わずに、セル内編集モードにしてからコピーし、転記先のセルでもセル内編集モードにしてからペーストしてもOKです。

　キーボード操作で言えば、F2（セル内編集モード移行）→ Ctrl + A（数式全体選択）→ Ctrl + C キー（コピー）後に、転記先へ移動しF2 → Ctrl + V キー（貼り付け）です。

　とくに、他のブックの数式をコピーする際、余計な情報を持ち込みたくないときに「安全」なコピー方法になります。頭の隅に入れておきましょう。

書式がいらない場合は「形式を選択して貼り付け」

罫線などの書式をコピーしたくない場合には、貼り付け時に Ctrl + V キーの代わりに、Ctrl + Alt + V キーを押します。すると、[形式を選択して貼り付け] ダイアログが表示されます。

●図29 ダイアログを使えば、貼り付けたい内容を選択できる

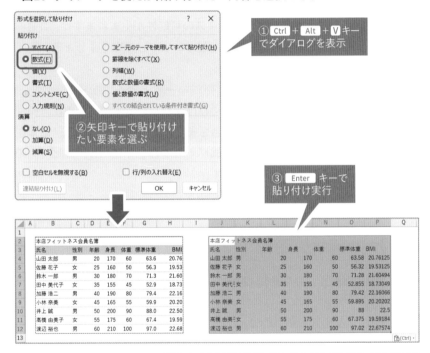

左の表を[数式]オプションで貼り付けたのが右の表。書式は引き継がず、値と数式のみがコピーされている

●よく使う貼り付け要素と内容

数式	値と数式。「書式をコピーせずに貼り付け」したいときに利用
値	値。数式が含まれている場合は、式ではなく計算結果の値を貼り付ける。関数の結果だけほしい場合に利用

［形式を選択して貼り付け］ダイアログは、貼り付けたい要素を選択して貼り付けられます。このなかから［数式］を選択して貼り付けると、値と数式のみが貼り付けられます。

　すでにきれいに作表してあるセル範囲に、値や数式のみを貼り付けたいときに非常に便利な機能ですね。

　なお、［形式を選択して貼り付け］ダイアログでは、矢印キーを使って貼り付けたい要素を指定するチェックを選択し、 Enter キーで貼り付けが実行できます。よく使う［数式］や［値］オプションの操作は、何回か練習して覚えてしまうと後々楽です。［数式］は、 Ctrl ＋ Alt ＋ V → ↓ → Enter キー、［値］なら ↓ キーが2回になります。

［オプション］ボタンからの指定も可能

　貼り付ける要素は、 Ctrl ＋ V キーで貼り付け後に貼り付け範囲右下に表示される［オプション］ボタンからも選択可能です。ボタンをクリックするか、 Ctrl キーを押すとメニューが開き、貼り付ける内容をあとから指定できます。

●図30　貼り付け後に Ctrl キーでオプションを表示、あとから指定

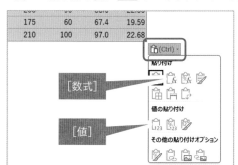

貼り付け後、右下に［オプション］ボタンが表示される。ボタンをクリックするか、 Ctrl キーを押すとオプションを選択できる

　 Ctrl ＋ Alt ＋ V キーはなかなか押しにくいので、 Ctrl ＋ V → Ctrl → → → Enter キーなどの操作で形式を選択して貼り付ける方も多いでしょう。ちなみに、筆者もこちら派です。好みに合わせて使い分けていきましょう。

「貼り付けオプション」でセル幅もコピーする

コピー＆ペースト操作を行った方のほぼ100%が、図31のような値がはみ出した状態を経験されているのではないでしょうか。これは、[Ctrl] ＋ [V] キーでの貼り付けでは列幅までコピーされないためです。

●図31 [Ctrl] ＋ [V] キーでは、列幅までコピーされない

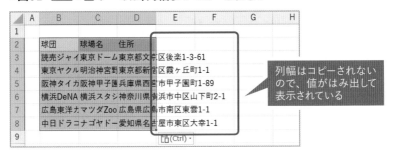

列幅はコピーされないので、値がはみ出して表示されている

列幅までコピーするには、コピーモード時にリボンの［ホーム］–［貼り付け］ボタンの下側を押してオプションメニューを表示し、［元の列幅を保持］を選択します。これで列幅も含めてコピーされます。

●図32 ［貼り付け］ボタンのオプションで、もとの列幅のままコピー

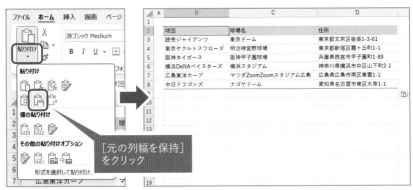

［元の列幅を保持］をクリック

この貼り付けオプションは、[Ctrl] ＋ [V] キーでコピー後に [Ctrl] キーを押して表示されるオプションメニューからも選択可能です。

●**図33 貼り付け後にオプションを表示して、もとの列幅のままコピー**

貼り付け操作のあとに、Ctrl キーでオプションを表示することも可能

　とりあえず Ctrl + V キーで貼り付け後に画面を見て、「あ、しまった。列幅がそのままだ」と気づいてからでも Ctrl キーを押してすばやく修正できます。「とりあえず貼り付けてみてオプションで修正」というスタイルを覚えておくと、何かと役に立ちます。

　また、列幅のみをコピーするには、Ctrl + Alt + V キーで［形式を選択して貼り付け］ダイアログを表示し、［列幅］を選択すれば OK です。

【Memo】高さもコピーするには

　［元の列幅を保持］オプションでも、セルの高さまではコピーされません。セルの高さも含めてコピーする最もお手軽な方法は、行単位でコピー＆ペーストすることです。

●**図34 セルの高さまでコピーするには、行単位でコピー＆ペースト**

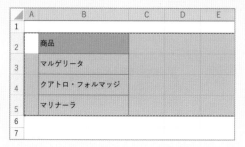

行見出しを使って行単位で選択し、コピー、貼り付けする

　シート左端の行見出しをドラッグするなどの操作で高さもコピーしたいセル範囲を行単位で範囲選択してコピー後に、貼り付け先の選択も行見出しを使って行単位で指定し、Ctrl + V キーで貼り付けます。これでセル高さも含めてコピーされます。

フィルターされている内容をコピーするには?

記録されているデータから、必要なもののみをコピーしたい、という場合に便利なのが［フィルター］機能（P.222）との組み合わせです。

●図35　フィルター機能を使うと、データを抽出できる

フィルターは抽出結果だけがコピーされる

フィルター機能で抽出を行った範囲を選択してコピー＆ペーストを行うと、抽出結果のみが貼り付けられます。

●図36　フィルター機能で抽出した内容だけが、コピーされる

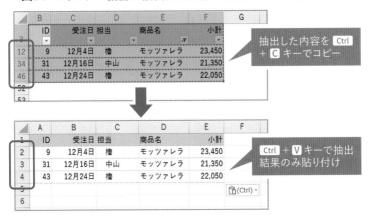

図36では、フィルター機能によっていくつかの行が非表示になっている状態で Ctrl ＋ A （表全体選択）→ Ctrl ＋ C キーでコピーし、Ctrl ＋ V キーで貼り付けた結果です。抽出結果のみが貼り付けられているのが確認

できますね。必要なデータのみを転記して利用したい場合には、どんどん使っていきましょう。

覚えておくと便利な「可視セルのみ選択してコピー」

　Excelの機能のなかには、［グループ化］機能や、［行／列の非表示］機能など、一部の行・列を非表示にする機能があります。

●図37　グループ化機能で、表の一部が非表示になっている場合がある

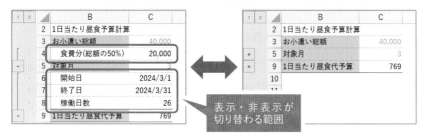

　この行・列が非表示になっているセル範囲をコピー＆ペーストすると非表示の範囲の内容もコピーされます。見えている内容のみをコピー対象にするには、［選択オプション］ダイアログ（P.134）内の［可視セル］オプションを指定してからコピーします。

●図38　［選択オプション］ダイアログで、見えているセルのみコピー

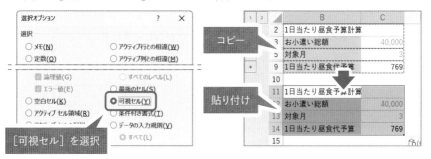

　可視セルのみをコピーして貼り付ければ、見えていた内容のみが貼り付けられます。コピー＆ペースト時に「何か変なデータまで付いてきた」という場合には、この手順を試してみましょう。

知っておきたいコピーの「事故」

コピー＆ペーストは大変便利な機能ですが、ひとつ注意しておいてほしい点があります。それは、別ブックからの数式のコピーです。

「このブックの表を使いまわしたいからコピーしよう！」という場面は多くあります。しかし、そのなかに**他のシートのセルを参照している数式があると、大変面倒なことになります**。例えば、図39は「商品」シート上のデータを参照して数式を作成してあります。

●図39　他のシートのセルを参照している数式は、コピーすると危ない

この数式を含むセル範囲をコピーし、別ブックに貼り付けると、図40のようになります。一見問題なさそうですが、数式バーを見るとコピーもとのブックのセルを参照する形で数式がコピーされてしまっています。

●図40　コピーもとのブックを参照する形で、数式がコピーされる

こうなると、この数式はコピーもとのブックとセットでないと機能しなくなります。コピーもとや貼り付け先のブックの保存場所を変更しただけ

148

で、図41のようなリンク切れのエラーが表示されるようになります。

●図41　コピーもとのブックとセットでないと、エラーが表示される

　厄介なのは、貼り付けた時点では気づきにくい点です。知らずに他のブックを参照する数式としてコピーしてしまい、さあひと仕事終わったと思って上司や取引先にブックを送信したところ、機能しないうえに謎のエラーが出てしまう、なんてことが起きます。かなりまずいですよね。

　さらに、問題を解決しようとしても、コピーした本人はリンクを作成した覚えなどないため、問題個所を見つけるのに苦労する羽目になります。

　他のブックの表やデータをコピーするときには、「値や書式のみ貼り付けて数式はコピーしない」「数式は数式バー経由でコピーして、最悪でも他ブックへのリンクは作成されないようにする」など、注意を払って行うようにしましょう。

　もし、複数シートを組み合わせたしくみも含めてコピーしたい場合は、シートをグループ選択したうえでまるごと新規ブックへとコピーし（P.168参照）、［検索］機能（P.242）などで外部ブックへのリンクがないことを確認してから、目的のブックへとシートごと移動しましょう。

　他ブックへのリンクを残すのは、慎重になりすぎるくらいでちょうどいいほど「危険」です。うっかりコピーしないよう注意しましょう。

【Memo】他のアプリから貼り付ける際の基本は［値のみ貼り付け］

　ブラウザをはじめとした他のアプリからのデータを貼り付ける際には、基本的に［値のみ貼り付け］で貼り付けるのがよいでしょう。

　普通に Ctrl + V キーで貼り付けると、書式や画像などの余分なものまで貼り付けられてしまいます。データのみ使いたい場合には、［値のみ貼り付け］で十分なのです。

Alt スタートでキーボード 操作を加速させる

✎ Alt キーは機能選択の開始ボタン

　Excel に用意されている多彩な機能をキーボードのみから実行する際の キモが Alt キーです。そのしくみを見ていきましょう。

　Excelのブックを開き、とりあえず Alt キーを1回押してみてください。 すると、図1のようにリボンやクイックアクセスツールバーに数字やア ルファベットのガイドが表示されますね。

●図42 Alt キーを押すと、各メニューにガイドが表示される

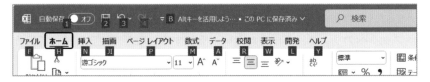

　これは、「次にこのキーを押すと対応する機能が実行できます」という ガイドです。例えば、 Alt → H → H キーと続けて押すと、[塗りつぶしの色] ボタンをクリックしたときのようにカラーパレットが表示されます。

●図43 Alt → H → H キーでカラーパレットを表示した例

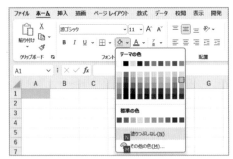

パレットが表示されたら矢印キーで色を選択し、[Enter] キーを押せば背景色にその色が設定されます。つまり、マウスで選択したときと同じように動作します。

　[Alt] キーを押した時点で「ショートカットキーモード」とでもいう状態となり、そこからはガイドに表示されたキーを押すと、その個所をマウスで操作したときと同じように動作していく状態になるわけですね。

　[Ctrl] キーを使ったショートカットキーは、丸暗記する必要がありますが、[Alt] キーの場合はガイドが表示されるので丸暗記しなくても画面を見ながら目的の操作を行えます。リボンから実行できる機能であれば、ほぼすべてをキーボードから実行できますね。

　よく使う機能ほど、意識的に [Alt] キーから実行してみるのがお勧めです。使っているうちに自然と覚えてしまい、目で確認しなくてもすばやく目的の操作が行えるようになっていきます。

　ちなみに、[Ctrl] キーを使ったショートカットキーのときは、[Ctrl] キーを押しながら他のキーを押していましたが、[Alt] キーからスタートするショートカットは、ひとつひとつのキーを1個ずつ押していきます。

　また、「ショートカットキーモード」を途中で止めたい場合や、ひとつ上の階層の選択からやり直したい場合は、[Esc] キーを押します。

クイックアクセスツールバーも [Alt] → ［数字］キーで実行可能

　[Alt] キーによるショートカットは、クイックアクセスツールバーに登録しておいた機能も実行できます。図44のように数字が割り当てられるため、[Alt] キーとテンキーの数値を順番に押すだけです。

●図44　[Alt] →[数字]キーでクイックアクセスツールバーを実行

　特定ブックの作業時によく使う機能などがあれば、クイックアクセスツールバーに登録しておくと、非常に快適に作業が進められますね。

⎡Tab⎤・⎡Shift⎤・⎡Enter⎤・⎡Esc⎤・矢印キーの役目

⎡Alt⎤キーや⎡Ctrl⎤キーを使ったショートカット操作やを行う際、各種の
パネルやダイアログが表示される場合があります。例えば、⎡Ctrl⎤＋⎡1⎤キー
で表示される［セルの書式設定］ダイアログなどです。

●図45　各種のダイアログボックスもキーボードで操作できる

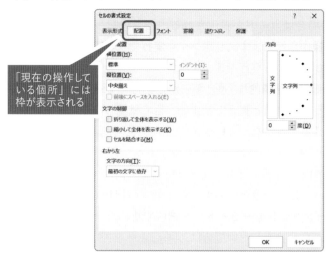

これらのダイアログもキーボードで操作できるようになっています。ダ
イアログ内をよく見ると、黒い枠が表示されている個所があります。この
枠は「現在、ここが操作対象ですよ」という注目点（フォーカス）を示し
ています。このフォーカスは矢印キーなどで移動できます。

ダイアログが表示されたら、まず、矢印キーを押してみると、フォーカ
スがどこにあって、何が操作対象なのかが確認しやすくなります。シンプ
ルなダイアログの場合は、矢印キーでフォーカスを映し、⎡Enter⎤キーを
押せば機能が実行されます。キャンセルしたい場合は⎡Esc⎤キーです。

階層構造があるダイアログの場合は、⎡Tab⎤キーを押すと階層構造間を
移動できます。また、チェックボックスのようなオン／オフを切り替える
タイプのしくみは、フォーカスを当ててスペースキーを押すと、オン／オ

フが切り替わります。各種ダイアログの操作に利用できるキーと対応する操作は、以下のようになっています。

●ダイアログボックスを操作するキーと内容

キー	操作の内容
矢印キー	フォーカスの基本操作
Tab キー	次の階層へフォーカスを移動。階層がない場合は次の項目へフォーカスを移動
Shift + Tab キー	Tab キー操作と逆方向に移動
Enter キー	実行
Esc キー	キャンセル／上の階層へ移動
スペースキー	チェックボックスのオン／オフ

　［セルの書式設定］ダイアログはよく使ううえに、いろいろなタイプのボタンやコントロールもあり、階層構造も持っています。操作テストとトレーニングにもってこいなのです。まずはこのダイアログを使って、キーボードでの操作を試してみましょう。

汎用的なキーの役割を意識する

　キーボードによる操作は、昔から「**このキーはこういう役割**」という**伝統的なルールをもとに操作が割り当てられていることが多い**です。そのため、まずはキーの役割を意識しておくと、Excel だけではなく他のアプリや OS でも、同じキーで同じような操作が可能となるでしょう。

　例えば Tab キーは「次の項目へ移動」、Shift + Tab キーは「前の項目へ移動」（Tab キーの逆）、Enter キーは「実行」、Esc キーは「キャンセル」、Ctrl キーや Alt キーは、「オプション機能関連」、そして矢印キーは「移動」などです。キーボードを使ってすばやく作業を行いたいときには、この汎用的なキーの役割・ルールを意識して使ってみましょう。初めて見るダイアログやアプリでも、その多くはルールに則って操作できるはずです。

SECTION 4-6 どんなときでも頼りになる ふたつのショートカットキー

Ctrl + S キーで「上書き保存」のクセをつける

どんな作業を行う際にも頼りになるショートカットキーが、Ctrl + S キーによる「上書き保存」です。

夢中で作業を続けていたものの途中でミスに気づき、何時間かの作業が無駄になった経験がある方は多いでしょう。あるいは丸一日の作業をやり直したことさえあるかもしれません。

そんなときに救いになるのが、上書き保存です。上書き保存は、その名のとおり、作業中のブックを上書き保存する機能です。**ミスしてしまった場合でも、上書き保存さえしてあれば、その時点の作業からやり直すことが可能です。**転ばぬ先の杖ですね。

この上書き保存が、Ctrl + S キーを押すだけで実行できるのです。一連の作業を終えるたびに Ctrl + S キーを押して上書き保存するクセをつけておいてもいいくらいです。ぜひ、活用していきましょう。

バックアップのルールを考えておく

また、ブック作成時には上書き保存を行うだけでなく、定期的に別途別名保存しておくことをお勧めします。

●図46 バックアップ用のブックは定期的に別名保存し、作業する

別名保存をする際には、「もとのブックの名前に続け、アンダーバーと

日付を組み合わせた名前にする」など、**名づけルールをあらかじめ決めておくと、迷わずに一連の名前で保存できます。**

　ルールを決めずコピーだけで済ましてしまうと、いったいどれが最新のブックなのか分からなくなるという困った状態になります。バックアップを行うときには、一度ルールを考え、それを守るようにしましょう。

ミスしたときは Ctrl + Z キーでもとに戻す

　ブック全体の「やり直し」ができるのが Ctrl + S キーとすれば、個別の作業のやり直しができるのが Ctrl + Z キーによる[アンドゥ]機能です。たいていの操作は1手順前の状態にまで戻せます。

●図47　Ctrl + Z キーで、行った操作をもとに戻す

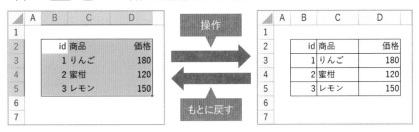

　作業中に何かよく分からない操作をしてしまったり、うっかりボタンをクリックしてしまった際でも、アンドゥ機能を使えばもとに戻せます。「よく分からないことが起きたらとりあえず Ctrl + Z キーで1手順前に戻してみてからやり直す」というスタイルで作業を進めていきましょう。

【Memo】**機能を覚える際には、もとに戻す方法もあわせて覚える**

　セルの見た目の変更など、何かに変更を加える機能を覚える際には、変更した項目をもとに戻す方法もあわせて調べてみるのをお勧めします。例えば、背景色の着け方を覚えたら、消し方もセットで調べます。すると、効率よく各種機能が覚えられます。また、「もとに戻せる」という安心感から積極的に覚えた機能を利用できるようになります。

【Memo】クイックアクセスツールバーによく使う機能を登録

　画面上部のクイックアクセスツールバーには、各種機能をボタンの形で登録できます。登録した機能は、ボタンをクリックするか、［Alt］キーを利用したショートカット操作で実行できます。

●図48　クイックアクセスツールバーに機能を登録

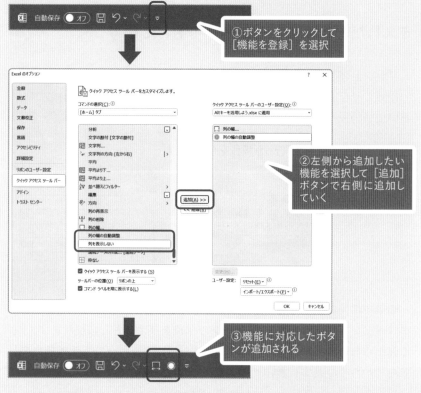

　クイックアクセスツールバーに機能を登録するには、バー右端のボタンをクリックし［機能を登録］を選択します。ダイアログが表示されるので、左側のリストから登録したい機能を選び、右側へ追加して［OK］ボタンをクリックすれば登録完了です。

　なお、ダイアログ右上のリストボックスでは、ボタンを特定ブックのみに登録するかどうかの設定も可能です。「このブックではこの機能をよく使うんだよなあ」というケースでは、ブックに合わせた機能を登録しておき、さらに［Alt］キーによるショートカット操作と組み合わせると、快適に作業を進められるでしょう。

5章

「ワークシート」で表を上手に管理する

ひとつのブックには、複数のシートが追加できます。
大量のデータや、ややこしい計算が必要な作業を、
シートをうまく利用してスムーズに進め、
管理する方法を見ていきましょう。

「ワーク」シートは「作業用」シート

最初から本番用の表を作る必要はない

データを集計して作表するタイプの作業時に意識したいのが「**最初から本番用の表を作る必要はない**」という考え方です。

例えば、「支店ごとの売上データをまとめて、全体としての売り上げの集計表を作成したい」という場合には、いきなり全体の売上集計表を作成する必要はありません。できなくはありませんが、大変です。

このような作業を進める際に有効なのが、**データの種類や計算の段階のごとに、シートを分割して整理する**スタイルです。

図1では、「全体の売上集計表」を作表するために、複数シートを使って整理しながら計算・作表しています。

●図1 シートは、データの種類や計算の段階が分かるように整理しておく

	A	B	C	D	E	F	G	H	I
1									
2		商品リスト							
3		ID	商品名	容量(g)	価格				
4		C-1	モッツァレラ	80	520				
5		C-2	ボッコンチーニ	100	550				
6		C-3	ノディーニ	100	550				
7		C-4	ミルクリーム　プレーン	80	550				
8		C-5	ミルクリーム　ガーリック	80	550				
9		C-6	オレンジピール	80	680				
10		C-7	ドライパパイヤ	90	680				
11		C-8	酵母熟成	70	490				
12		C-9	酵母熟成　生タイプ	70	390				

商品情報　店舗データ⇒　本店　支店A　支店B　集計データ⇒　売上集計　…　＋

どんなデータを使っているのかや、どんな段階の計算をしているのかがシート名の見出しを見るだけで把握できますね。

詳細な項目からデータを積み上げて計算していく手法を「積算」と呼びますが、ひとつのシートだけですべてのデータや計算を積み上げていくと、積算項目が増えるに従い、目的のデータを探すのが大変になってきます。そこで、シートを利用して分割して考えられるようにするわけですね。

●図2　最終的に積算結果をまとめたシートを作成する

　そもそも Excel のシートは「ワーク（作業用)」シートです。作業をスムーズに進めるためであれば、どんどん追加していってしまって構いません。最終的なレポートとしてまとめるのは、計算や作業がすべて済んでからでよいのです。

　また、データや計算別にデータや表を整理することは、他のブックでデータや表を再利用する際にも、どんなデータがどこにあるのかが分かりやすくなるため、便利です。

　さらに、作表中やあとで見返す際、「本当にこのデータや数式は正しいのだろうか」とチェックをする場面でも、シートごとに何をチェックすればいいのかが明確になるため、作業がしやすくなります。

　作業を楽に進めるために、シートのしくみを活用していきましょう。

シート1枚にすべてを詰め込まない

シートを分割する理由は、積算の際の便利さだけではありません。**単純な「見にくさ」を解消する**のも大きな理由です。

扱うデータ数が少ない場合、すべてを1枚のシート上に収め、いくつかの表を同じシート内に作表することができます。複数の表のデータを使った数式を作成する場合でも、同じシート上・同じ画面内に対象データがあれば、スムーズに作成ができます。理想的ですね。

●図3　複数の表が1画面内に収まるのであれば、それが理想

	A	B	C	D	E	F	G	H	I	J	K	L
1												
2		商品リスト				販売明細						
3		商品ID	商品	価格		明細ID	商品ID	商品	価格	数量	小計	
4		A-1	りんご	180		1	A-1	りんご	180	18	3,240	
5		M-1	蜜柑	120		2	M-1	蜜柑	120	7	840	
6		L-1	レモン	150		3	L-1	レモン	150	25	3,750	
7						4						
8						5						
9										合計	7,830	
10										消費税	783	
11										請求総額	8,613	

Webや書籍のサンプルでは、そういうものが多いでしょう。これは、説明したい機能や関数の全体的なしくみを把握してもらうために意図的に「1画面で収まるデータ」を利用しているためです。学習用のサンプルのデータというわけですね。ここだけの話、本書もそのひとつです。

しかし、実際の業務の場面では、そううまくいかないことの方が多いでしょう。扱うデータは、1画面ではとても表示しきれない分量であることがほとんどかと思います。

●図4　1画面に収まりきらないデータの場合

	A	B	C	D	E	F	G	H	I	J	K	L
1	商品管理番号	SKU	JAN	品名	売価	商品原価	原価	基本送料	粗利率	備考	在庫数	継続
2	sn006635x	sn006635	4549781006635	タフトラグ スケッチ 約130×190cm【約1畳半】 床暖房対応 ふかふか マイクロファイバー シャギー	10,990	3,843	5,643	1,800	44%		11	在庫限り
3	sn006635x	sn006666	4549781006666	タフトラグ スケッチ 約130×190cm【約1畳半】 床暖房対応 ふかふか マイクロファイバー シャギー	10,990	3,843	5,643	1,800	44%		O	在庫限り
4	sn006635x	sn006697	4549781006697	タフトラグ スケッチ 約130×190cm【約1畳半】 床暖房対応 ふかふか マイクロファイバー シャギー	10,990	3,843	5,643	1,800	44%		O	在庫限り
5	sn006642x	sn006642	4549781006642	タフトラグ スケッチ 約190×190cm【約2畳/正方形】 床暖房対応 ふかふか マイクロファイバー シャギーラグ	14,990	5,402	7,902	2,500	42%		1	在庫限り
6	sn006642x	sn006673	4549781006673	タフトラグ スケッチ 約190×190cm【約2畳/正方形】 床暖房対応 ふかふか マイクロファイバー シャギーラグ	14,990	5,402	7,902	2,500	42%		2	在庫限り
7	sn006642x	sn006703	4549781006703	タフトラグ スケッチ 約190×190cm【約2畳/正方形】 床暖房対応 ふかふか マイクロファイバー シャギーラグ	14,990	5,402	7,902	2,500	42%		11	在庫限り
8	sn006659x	sn006659	4549781006659	タフトラグ スケッチ 約190×240cm【約3畳】 床暖房対応 ふかふか マイクロファイバー シャギーラグ	17,990	7,096	9,596	2,500	41%		O	在庫限り
9	sn006659x	sn006680	4549781006680	タフトラグ スケッチ 約190×240cm【約3畳】 床暖房対応 ふかふか マイクロファイバー シャギーラグ	17,990	7,096	9,596	2,500	41%		19	在庫限り
10	sn006659x	sn006710	4549781006710	タフトラグ スケッチ 約190×240cm【約3畳】 床暖房対応 ふかふか マイクロファイバー シャギーラグ	17,990	7,096	9,596	2,500	41%		11	在庫限り
11	sn115067x	sn115067	4560254115067	洗濯機で洗える パズルラグマット PZ-601 約45×90cm ウォッシャブル フランネル 玄関マット マット ラグ タイルマット くすみカラー 無地 おしゃれ 滑り止め	1,990	1,080	1,780	700	2%	1個口で	O	在庫限り
12	sn115067x	sn115098	4560254115098	洗濯機で洗える パズルラグマット PZ-601 約45×90cm ウォッシャブル フランネル 玄関マット マット ラグ タイルマット くすみカラー 無地 おしゃれ 滑り止め	1,990	1,080	1,780	700	2%	1個口で	O	在庫限り
13	sn115067x	sn115128	4560254115128	洗濯機で洗える パズルラグマット PZ-601 約45×90cm ウォッシャブル フランネル 玄関マット マット ラグ タイルマット くすみカラー 無地 おしゃれ 滑り止め	1,990	1,080	1,780	700	2%	1個口で	O	在庫限り
14	sn115067x	sn115159	4560254115159	洗濯機で洗える パズルラグマット PZ-601 約45×90cm ウォッシャブル フランネル 玄関マット マット ラグ タイルマット くすみカラー 無地 おしゃれ 滑り止め	1,990	1,080	1,780	700	2%	1個口で	6	在庫限り(12/中入荷予定有)

すると、「サンプルのような構成にしなくては」という意識が働くわけではないでしょうが、「とにかく全体を表示しようとする」「セル幅や高さをできるだけ小さくし、多くのデータが見えるようにする」という方向で作業を進めようとする方が一定数いらっしゃいます。これが、**単純に見にくさを生む要因になってしまう**のです。

　データや表の見にくさは、作業時には「現在どのデータを扱っているのか」が不明確になりミスを誘発する要因になります。そして、完成時に表が見にくかったら、苦労して集計したデータを正しく理解してもらうという本来の目的の妨げになってしまいます。

　「見にくい」というのは単純なことに思えますが、案外作業スピードや正確さに影響を与えてしまうのです。

　しかし、なんとかしてまとまった量のデータを扱いやすくしたいというのは間違いありません。その問題を解決する方法のひとつが「シートを分ける」という単純なルールなのです。1枚にすべて詰め込もうとせず、分割します。シートを分けることにより、

- 無理なレイアウトにより表が見にくくなるのを防ぐ
- 目的のデータを探しやすくする

という効果があるのです。なお、シートを分ける目安となるのは、

- 分量で分ける
- 表単位で分ける
- 積算の段階で分ける
- 支店別・担当別などのデータの特定の要素で分ける
- 日付や期間など時系列的な要素で分ける

など、さまざまな考え方があります。このあたりは作業の内容や好みによります。迷って判断ができないようであれば、「1シートにはひとつの表」というシンプルなルールでも構いません。

「面倒だから全部同じシート上に詰め込んで作業しよう」とせずに、「ちょっと多いな」と感じたらシートの分割を検討しましょう。

目的のシートを表示させるテクニック

　データを複数シートに分割して計算していくスタイルに必須なのが、目的のシートをすばやく表示する方法です。言い換えると、使いたいデータをすばやく画面上に表示する方法です。

Ctrl + Page Up／Page Down キーでシート間を移動
　最も手軽でお勧めな方法が、Ctrl + Page Up／Page Down キーを使ったショートカット操作です。

●図5　Ctrl + Page Up／Page Down キーでシートを切り替える

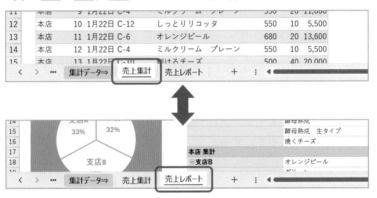

　シートを切り替えたくなったら、Ctrl キーを押しながら Page Down キーで「次のシート」に、Page Up キーで「前のシート」へ移動します。
「あのデータどこだったかな……」という場合、Ctrl キーを押しながら Page Up／Page Down キーをポンポンと押していけば、紙のノートのページをパラパラめくって目的のページを探すのと同じ感覚で目的のデータを見つけられます。直感的に作業できるため、本当に便利なのです。
　なお、Page Up／Page Down キーは、キーボードによってはない場合もあります（ある場合の多くは、テンキーの隣に配置されています）。しかし、この操作のためだけに外付けのキーボードの購入を検討するレベルで便利なショートカットキーなのです。

ちなみに、他のシートのデータを参照する数式を入力する際には、数式入力中に Ctrl + Page Up キーなどでページを切り替えたあとに矢印キーを押すとカーソルが表示ます。あとは Shift +矢印キーなどの操作でセル範囲を選択をすれば、数式内にセル参照が入力されます。

●図6　数式の入力中にも、ショートカットでシートを切り替えてセル参照できる

	A	B	C
1	=SUM(		
2	SUM(**数値1**, [数値2], …)		
3			

ウィンドウを分割しての作業も可能

　また、同一ブックの異なる表を見ながら作業をしたい場合は、[表示]-[新しいウィンドウを開く]機能を実行します。すると、図7のように、同一ブックを複数のウィンドウで開いての作業が可能となります。

●図7　同じブックの異なるシートを、同時に表示しながら作業できる

　それぞれのウィンドウで異なるシートを表示して縦、または横に並べれば、必要な表のデータを参照しながら作業できます。また、数式を作成する場合には、単一のウィンドウで作業していたときと同様に、マウスのドラッグ操作でセル参照を入力することも可能です。

　作業が済んだら、ウィンドウ右上の［×］ボタンをクリックすれば、ひとつのウィンドウのみを閉じることができます。

シートはすばやく
快適に整理する

SECTION
5-2

新規シートの追加と削除

新規シートを追加するには、画面左下に表示されているシート見出しの右側の［＋］ボタンをクリックします。すると、現在アクティブなシートの右側に新規シートが追加されます。

●図8　シートの追加と移動を続けて行う

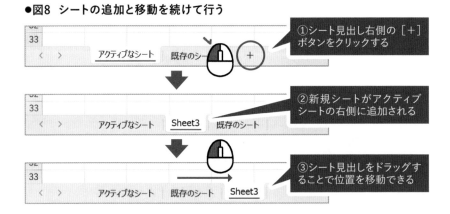

また、シートの位置を追加後に移動したい場合には、シート見出しをマウスでドラッグし、移動したい位置で離しましょう。既存のシートの位置を入れ替えたい場合も同様の操作で入れ替えを行います。

追加とは逆に、任意のシートを削除するには、削除したいシートの見出しを右クリックして表示されるメニューから［削除］を選択します。すると、図9のように削除確認のダイアログが表示されるので、あらためて［削除］をクリックすればシートが削除されます。

削除したくない場合は、ダイアログが表示されてから［キャンセル］を選択しましょう。

●図9　右クリック操作からシートを削除する

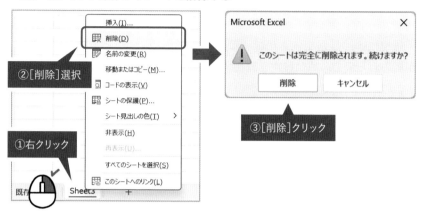

既存シートをもとにコピー

　既存のシートをコピーした新規シートを作成する場合には、[Ctrl]キー
を押しながらシート見出しをドラッグしましょう。図10のようにマウス
カーソルに［＋］マークが付いていることを確認したら、新規シートを作
成したい位置へドロップすればコピーされます。

●図10　既存シートを手早くコピー

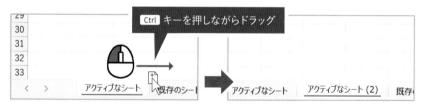

　既存のシートと同じ形式の表を別途作成したい場合には、コピーからは
じめてデータを入れ替えるだけで済みますね。

【Memo】ダイアログから移動やコピー

　シートの移動やコピーは、シート見出しを右クリックして表示されるメニュー
から［移動またはコピー］を選択して表示されるダイアログからも実行できます。
くわしくは P.169 を参照してください。

シートの名前の変更方法

新規に追加したシートには「Sheet2」「Sheet3」など、自動的に連番が振られた仮の名前が設定されます。

この名前を変更するには、シート見出しをダブルクリックして編集モードに移行し、任意の名前を入力して Enter キーを押しましょう。

●図11 ダブルクリックからシート名を変更する

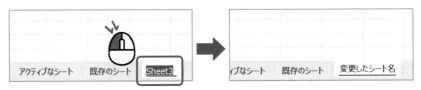

また、シート名には「：（コロン）」や「／（スラッシュ）」など、利用できない記号があります。これらをシート名に使うと、警告ダイアログで知らせてくれます。ダイアログを見て修正していきましょう。

●図12 シート名の制限事項はダイアログで知らせてくれる

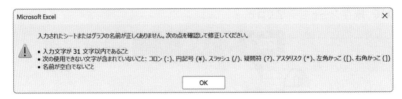

シート名はシートの内容が分かるものにする

シート名は、そのシートの内容が分かる名前であり、かつ、簡潔な名前がベストです。 とくに複数シートにデータや計算の過程を分割するスタイルでは、シート名の見出しがそのままデータを探す際の目印になります。

かといって、長すぎる名前ですと画面上に表示されるシート見出しの数が少なくなり、「見出し」としての意義が薄くなります。

逆に「1」「2」などの数値だけのシート名では、作業中やブックの確認時に、いったいどんな用途のデータが入力されているのかが分かりません。

それに対し、ほどほどの長さのシート名であれば、全体の構成や目的の
データがどこにあるかを見出しから伝えられます。

●図13　シート名は長すぎても短すぎても不便

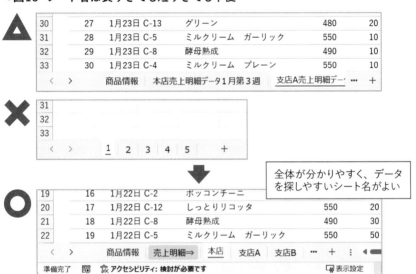

　明確に・短く、シンプルな名前をうまく付けていきましょう。

【Memo】シートの一覧をダイアログで確認する

　シート見出しの左にある、シート見出しの全体の位置を移動する「<」「>」ボ
タンを右クリックすると、［シートの選択］ダイアログが表示されます。こちらか
らシートの一覧を確認・移動することも可能です。

●図14　右クリックで［シートの選択］ダイアログを表示する

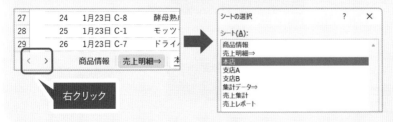

シートをまとめて移動やコピー

[Ctrl] キーを押しながらシート見出しをクリックすると、複数のシートをまとめて選択できます。このとき選択されているシートをまとめて「作業グループ」と呼びます。

[Ctrl] キーではなく、[Shift] キーを押しながらシート見出しをクリックすると、今度はアクティブなシートから、新たに見出しをクリックしたシートまでの範囲をまとめて作業グループとして選択します。

●図15　複数シートをまとめて作業グループとして選択する

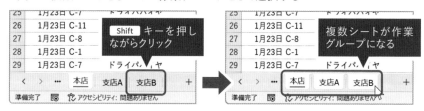

作業グループとして選択されたシートは、一連の作業をまとめて行えるようになります。作業グループ状態でセルA1に「10」と入力すれば、グループに含まれるシートすべてのセルA1に「10」と入力されます。

また、作業グループの選択状態で、見出しを右クリックしてメニューを表示してみましょう。

●図16　サブメニューから、作業グループに対して操作を行う

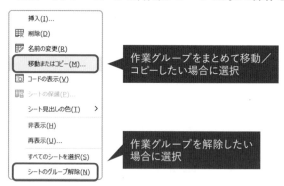

［移動またはコピー］をクリックするとダイアログが表示され、作業グループのシートをまとめて他のブックに移動／コピーできます。

●図17　作業グループをまとめて他のブックに移動／コピー

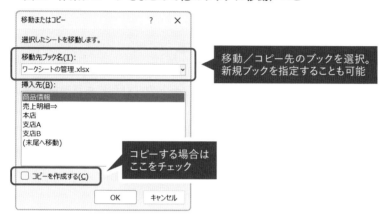

コピーをする場合には、ダイアログ下側の［コピーを作成する］にチェックを入れ、［移動先ブック名］欄から移動先のブックを選ぶか、「（新しいブック）」を選択して［OK］をクリックすると、移動／コピーします。

　移動先として「（新しいブック）」を選んだ場合には、作業グループのシートのみからなる新規ブックが作成されます。一連のシートをまとめて流用したい場合などに便利な方法ですね。

　なお、作業グループを解除したい場合には、見出しを右クリックして表示されるメニューから［シートのグループ解除］を選択します。

【Memo】テーブルを含むシートはまとめて移動・コピーはできない

　作業グループ中に［テーブル］（P.198）を含むブックがある場合にはまとめて移動／コピーはできません。

　その場合には1シートずつ移動／コピーを行いましょう。また、1シートずつ移動／コピーする場合、他ブックへのリンクが残ってしまう危険性が生じるため（P.148参照）、いったんブック全体を別名保存し、必要なシートのみを残して他のシートを削除する形で流用した方が「安全」な場合もあります。シートの内容によって使い分けていきましょう。

SECTION 5-3 シートの順番にも ルールを作る

計算する順番に並べるのが基本

複数のシートを利用する場合には、その**シートの並び順にも気を使うと、より作業がしやすくなります。**

基本的には積算の小さい項目から大きい項目へと、だんだんと積み上げる計算を行う順序で並べていきます。左からシートを見て行けば、どんなデータを使って、どんな計算を行っていき、最終的な結果へとたどり着いたかが確認できる状態にするわけですね。

●図18 シートは左から右へと計算を積み上げる順に並べる

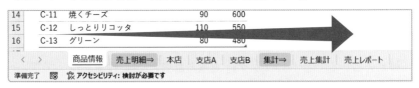

作成時には、必要なデータを確認するには左側のシートを見ればよいことになりますし、ひととおり積算が完了してからおかしな個所を発見した場合でも、どの個所のデータや計算でミスしていたかを順を追ってチェックしていきやすい形になります。

作業を進めて行くうちに、「このデータも必要だった」と気づいて新たな表を新規シートに用意する際にも、このルールを意識して新規シートを配置する場所を検討します。

作業に集中しているときや、シートを追加したてのときにはシート内容を頭のなかで把握できているため、並び順などささいなことと思ってしまいますが、あとで見たときはそうはいきません。並び順のルールが効いてくるのです。

同じ内容のシートは同じルールで名前を付けて並べる

　ルールを決めてシートを並べていくと、同じ用途のシートが自然と隣り合わせになります。商品や社員の基本データを用意する場合には、いわゆる「マスタ」データのシートが並び、支店ごと・担当者ごとにデータを分割してある場合には、支店や担当者ごとのシートが並ぶでしょう。

　それだけでも無秩序な順番のシートより使いやすくなりますが、さらに、同じ用途のシートには、同じ名づけルールでシート名を付けておくと、より内容を理解しやすくなります。

　例えば、図19のブックでは、本店・支店A・支店Bの3店舗において、ある週の売り上げ明細データを店舗ごとに3枚のシートに分けて入力しています。この際、シート名の名づけルールがバラバラであると、同じ用途のデータを扱っているようには見えません。

●**図19　同じ用途のシートは同じルールで名前を付けて並べる**

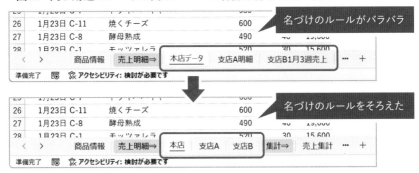

　しかし、同じルールで名前を付ければ、「ああ、ここは同じ用途のシートを並べてあるゾーンなんだな」と理解しやすくなりますね。

　また、シート名は表示エリアの関係もあり、できれば短くしたいという事情もあります。同じ用途のシートに同じルールで名前を付けるという方式は、多少無理筋な短縮名でも、ひとつ目のシートのルールが理解できれば、残りのシートの用途も理解できるという、ちょっとした「ごまかし」にも利用できます。少しでも見やすく、使いやすくするため、並び順やシート名も工夫していきましょう。

シートのタブと色を使って「しおり」を作る

　シートの分類の整理やシート名を短く保つために便利な方法が「しおり用シート」を作成するスタイルです。しおり用シートとは、図20のような形でシート見出しの整理に特化した役割のシートです。

●図20　シートを整理するための「しおり」シートを作る

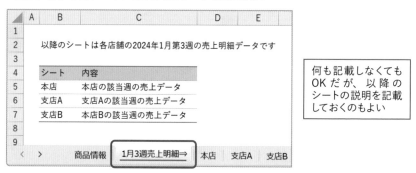

　しおり用のシートの用途は、その名のとおり、しおりです。以降の一連のシート群の役割が何であるかを示し、そのデータを見つけやすくするための目印として利用するシートです。

●図21　しおり用シートには、とくにデータは必要ない

	A	B	C	D	E
1					
2		以降のシートは各店舗の2024年1月第3週の売上明細データです			
3					
4		シート	内容		
5		本店	本店の該当週の売上データ		
6		支店A	支店Aの該当週の売上データ		
7		支店B	本店Bの該当週の売上データ		
8					
9					

〈 　〉　　商品情報　**1月3週売上明細⇒**　本店　支店A　支店B

> 何も記載しなくてもOK だが、以降のシートの説明を記載しておくのもよい

　単なる目印なので、シートには何もデータを入力しなくても構いません。それだけでは見た人が不安になるという場合には、以降の一連のシート群の用途や注意点などを案内するガイド的なデータを入力してもいいでしょう。あくまでもメインの用途は、しおりなのです。

　しおり用シートのシート名は、しおりとして目立つ記号を持ち、以降の

一連のシート群の役割を示しているものが望ましいです。

用途が用途だけに、「■■集計エリア■■」「マスタデータ⇒」などの目立つものの方が見つけやすくなります。

また、しおりシートの名前に一連のシート群の「説明」を含めてしまうと、個々のシート名前をできるだけ簡潔に保つのにも役立ちます。

しおり用シートの利点は、「シートを追加して名前を付けるだけ」という手軽さにあります。それだけなのです。それだけなのですが、確実に分かりやすくなります。作業途中で一時的に作成し、作業が済んだら削除してしまっても一向に構いません。一度お試しください。

見出しに色を着けて整理する

シート見出しを右クリックして表示されるメニューから［シート見出しの色］を選択すると、シート見出しに任意の色を着けられます。

●図22　同じ役割のシートは、見出しに色を着けて整理する

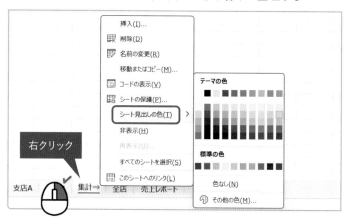

このしくみを使うと、しおり用シートに色を着けて目立たせたり、同じ用途のシート群に同じ色を着けたりと、色を使って整理できます。

ただし、あまり色数を使ってしまうと、かえって分かりにくくなってしまいます。色数を制限したり、同系色の色のみを使うなどの方法でうるさくならない程度に整理していきましょう。

プレゼンや集計データなら「結果」が先頭もアリ

　さて、複数シートを分けて積算を行う場合の並び順は「計算を行う順序で並べる」のが基本ということを紹介しました。この並び順は、最終的な計算・チェックを行うまではきっちりと守りましょう。先にご紹介したように、計算とチェックが簡単になります。

　逆に言うと、最終的な計算が終わったら、今度はレポートや報告書として見やすいように並び順を変更しても構いません。

●図23　計算が終わったら、見やすい順に並べ替えてもOK

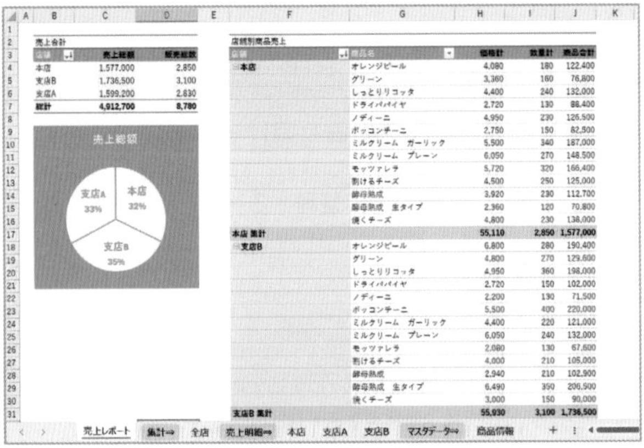

　とくに、顧客に対してプレゼンを行う場合や、決算などの報告書などを作成する場合には、最初に「まず、結論ありき」で集計データや注目してほしい結果を示し、そのあとに計算結果の根拠となる明細のデータを確認できるように資料を用意することが多いでしょう。作業の段階と目的に応じて、適宜並べ替えてください。

　ただし、その場合でも、あとでデータの再利用や再計算の必要が見込まれる場合には、計算順のブックは別途保存しておくのがよいでしょう。

　また、見やすい資料の作成については、Power Point などの Excel 以外のプレゼンやレイアウトが得意なアプリに計算結果を持ち込んで作成する、という形を検討してもよいでしょう。

6章

表の印刷・配布に使えるテクニック

整理・計算したデータを、他の人に見せる場合には
どんなことを意識すればよいのでしょうか。
その考え方と利用できる機能、そして、
気を付けておきたいポイントを整理してみましょう。

表の印刷や、PDFに出力する方法

SECTION 6-1

計算しなくていい場合は出力する

　Excelで作成した資料を配布する際、**配布先で計算を行うわけではない**
のであれば、見せたい部分だけを印刷・出力してしまいましょう。

　紙にプリントして資料として配布したり、PDF形式に出力して送信・
ダウンロードしてもらったりという手段で計算結果を手渡せます。

●図1　PDFに出力するとExcelがない環境でも見ることができる

PDFに出力.pdf

　PDF形式で出力した場合、ほとんどの環境でブラウザで内容を確認で
きます。Acrobat ReaderなどのPDF専用アプリがインストールしてあ
れば、そちらでも確認可能です。Excelがない環境でも見てもらえますね。

　また、「ブック内の数式を見せたくない」「自分が把握できないうちに数
式を変更されてしまい、意図していない計算結果で作業を進めてほしくな
い」など、「ブックを改変禁止にしたい」という場合にも、PDF形式で出
力して渡すというスタイルは選択肢のひとつになります。

［ページレイアウト］で設定しバックステージビューから印刷

印刷設定のほとんどは、［ページレイアウト］タブ内から行えます。

●図2　印刷の各種設定は［ページレイアウト］タブから行える

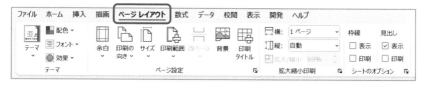

また、［ファイル］から表示されるバックステージビュー画面の左端の
メニューから、［印刷］を選択すると、図3のような印刷プレビュー画面
が表示されます。

●図3　バックステージビューでプレビュー画面を見ながら印刷する

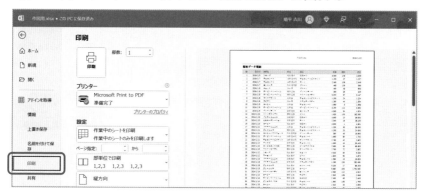

この画面でも各種設定が行えます。バックステージビューでは、各種の
印刷設定を変更するとプレビュー画面にも反映されるため、直感的に設定
できるのが便利です。

印刷を行う場合には、この画面でプリンターを選択し、［印刷］ボタン
をクリックすると印刷が実行されます。

PDF形式での出力は、「Microsoft Print To PDF」など、PDF形式で出
力するプリンターを選ぶか、左端のメニューから、［エクスポート］を選択
し、［PDF/XPSの作成］ボタンをクリックして出力先を指定しましょう。

出力したい範囲は指定できる

通常、印刷を行うとシート上の内容がすべて印刷されますが、特定のセル範囲のみを印刷範囲として設定することも可能です。

設定方法は、印刷範囲としたいセル範囲を選択し、［印刷範囲］–［印刷範囲の設定］をクリックするだけです。

●図4　セル範囲を選択して、印刷対象の範囲を限定できる

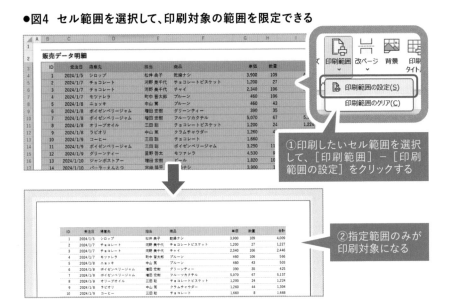

図4では、表のタイトル部分を除いたセル範囲を印刷範囲に設定しています。印刷結果を見てみると、見出し部分は省かれ、きちんと印刷範囲に設定した部分だけが印刷されていますね。

印刷範囲を設定する理由は、**意図した範囲だけが印刷されるようにするため**です。設定をしておかないと、Excel は「使用してあるセルすべて」を印刷しようとします。

この「使用してあるセルすべて」というのは、書式を設定したものの値は入力していないセルや、数式で空白文字列を表示している見かけ上何も入力していないセル、図形が置きっぱなしのセルなども含まれます。

178

このようなセルを含んだ状態で印刷すると、**意図していない値や、単なる真っ白なページが印刷されるという事態が起きます**。印刷してみて初めて「しまった！何か消し忘れの設定やゴミが残っていた！」と気付く失敗が起きやすいのです。そうなったら、やり直しです。

とくに、何部もの紙の資料を印刷する際には、**このやり直し作業は時間とコピー用紙を大幅にロスします**。加えて、あわてて資料を用意しようとしているときほどこの手のミスは起きやすく、そして致命的です。そうならないよう、最終的に印刷を行うつもりの表であれば、あらかじめ印刷範囲を設定しておくクセをつけておきましょう。

印刷関連機能を実行した際に表示される線は何？

さて、印刷範囲の設定時や、印刷実行後などにはシート上に「謎の線」が表示されます。これは改ページ（P.186）位置を知らせる線です。ですが、作業の邪魔ですよね。

●図5　印刷後に表示されるようになる「謎の線」は、非表示にできる

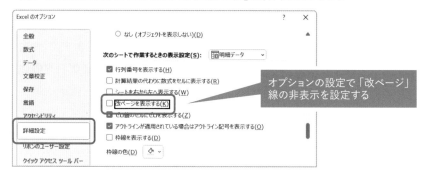

この改ページ線は［ファイル］をクリックして表示されるバックステージ左端から［オプション］を選択して［Excelのオプション］ダイアログを表示し、［詳細設定］欄内の「次のシートで作業するときの表示設定」欄から「改ページを表示する」のチェックを外すと非表示にできます。

また、1回ブックを保存して開きなおしても改ページの線は消去されます。設定が面倒な方はこちらの方法で消去してもよいでしょう。

余白の設定方法

　印刷範囲を設定したら、印刷サイズと印刷の向きを設定しましょう。リボンから行うには［ページレイアウト］タブのボタンから、バックステージビューから行うには［印刷］メニュー内のボタンから設定します。

●図6　印刷サイズと向きの設定を行う

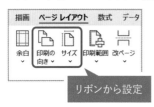

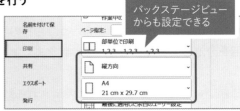

　印刷サイズは「どの用紙に印刷するのか」という観点から設定します。PDF形式で出力する際も同様です。選択した用紙のサイズに応じて、1ページ当たりに印刷できるデータの量が決まります。サイズが決まったら、向きを設定しましょう。

　さて、サイズと向きが決まったところで、「ちょっとだけはみ出してしまう」場合には、余白を設定して印刷範囲を広げることもできます。［余白］－［ユーザー設定の余白］などから表示される［ページ設定］ダイアログの［余白］タブ内で数値を使って余白のサイズを指定しましょう。

●図7　［余白］ボタンから数値（センチ）で余白を設定できる

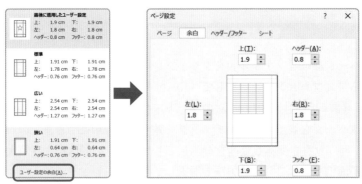

また、プレビューを確認しながら余白の幅を調整したい場合には、バックステージビューに表示されているプレビュー画面右下の［余白の表示］ボタンをクリックしましょう。すると、図8のようにプレビュー画面に余白やヘッダー、フッター（P.184参照）を表示するために確保されているスペースを示すガイド線が表示されます。

　ガイド線にマウスを近づけると、マウスポインタの形状が変化します。この状態でドラッグ操作をすると、余白の位置を調整できます。

●図8　印刷プレビューを見ながら余白を調整すると、分かりやすい

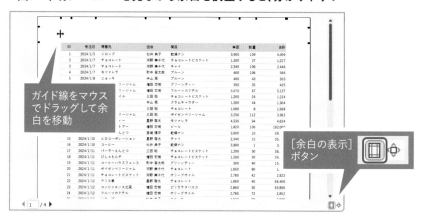

　実際の印刷結果をプレビュー表示しながら調整できるため、「本当に全部印刷できるのか」を確認しながら作業できますね。

　余白の調整が終わったら、再度［余白の調整］ボタンをクリックすればガイド線は非表示になります。

　印刷の設定は順番が大切です。印刷範囲→（プリンターの選択）→サイズ→向き→余白と、順番に設定していきましょう。

【Memo】「紙全体」のプレビューを確認したい場合には

「紙全体にどう表示されるか」を確認したい場合には、［余白の表示］ボタンの右側の［ページ合わせる］ボタンをクリックすると、全体表示のオン／オフを切り替えられます。

指定サイズに収めたい場合は倍率を設定

「A4サイズに収まるように印刷したい」というような、特定サイズにフィットする形で印刷したい場合には、印刷の表示倍率を変更します。

表示倍率の設定は、［ページレイアウト］タブ内の「拡大縮小印刷」欄で行えます。また、［印刷］バックステージ内の［ページ設定］から呼び出せる［ページ設定］ダイアログ内の［ページ］タブ内でも設定可能です。

●図9 ［ページレイアウト］タブ内で印刷の倍率を変更できる

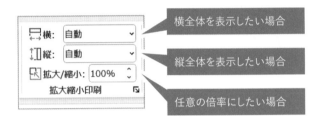

倍率を設定する際には、サイズに応じて自動的に倍率を設定してもらう方法と、手動で調整する方法が用意されています。

自動で設定したい場合には、［横］や［縦］ドロップダウンリストボックスから「1ページ」など、ページ数を選択します。

例えば、図10は［横］を「1ページ」に設定した状態です。結果として「すべての列が1枚に収まりきる倍率」が自動計算され、設定されます。

●図10 ［横］だけちょうど1ページに収まるように、自動計算できる

同じく、[縦]を「1ページ」に設定した場合は、「すべての行が1枚に収まりきる倍率」に設定されるわけですね。

　また、[横][縦]の両方を同時に「1ページ」に設定すると、印刷範囲全体を1枚に収められるように倍率が設定されます。

　自動設定を行わず、手動で倍率を設定するには、直接[拡大/縮小]欄に倍率を入力していきます。

タイトル行／列を設定して複数ページ印刷が見やすい

　縦長の表や横長の表を印刷する際には、**タイトル行やタイトル列を設定して印刷すると見やすくなります。**

　例えば、図11では縦長の表を印刷する際に、表の見出し部分をタイトル行に設定して印刷した結果です。どのページの表にも同じように、表の見出しが印刷されています。

●**図11　見出しを「タイトル行」にすると、どのページにも印刷できる**

　印刷版の[ウィンドウ枠の固定]機能（P.72）といったところですね。この見出し行や見出し列の設定を行うには、[ページレイアウト]-[印刷タイトル]ボタンをクリックして、[ページ設定]ダイアログの[シート]タブを表示します。

［印刷タイトル］欄の［タイトル行］や［タイトル列］ボックス右端のボタンをクリックして、どのページにも共通して印刷したいセル範囲を「タイトル行」／「タイトル列」に指定します。

●図12　セル範囲を「タイトル行」／「タイトル列」に指定する

なお、［タイトル行］は「$2:$3」など、任意の行全体を指定し、［タイトル列］は「$B:$C」など、任意の列全体を指定します。

複数ページにわたる表はヘッダーとフッターをつける

複数ページの資料を印刷する場合、とくに紙に印刷する際には、ページ数の情報が役に立ちます。現在見ているページを把握できる他、うっかりバラバラにしてしまった際、もとの順番に戻すために重要な手がかりになります。これがあるのとないのとでは作業スピードに大きく差が生まれます。必ず印刷しておきたい情報です。

このページ数などの情報を印刷するのに便利なしくみが、ヘッダーとフッターのしくみです。

●図13　用紙の上部や下部に、ブック名やページ数などを印刷できる

				作図用.xlsx				1/4
販売データ明細								
ID	受注日	得意先	担当	商品		単価	数量	合計
1	2024/1/5	シロップ	松井 典子	乾燥ナシ		3,900	109	425,100
2	2024/1/7	チョコレート	河野 美千代	チョコレートビスケット		1,200	27	32,400

ヘッダーは印刷時の各ページの上部、フッターは下部に任意の値や情報を印刷するしくみです。ヘッダーやフッターの内容の設定は、[ページ設定]ダイアログ内の［ヘッダー / フッター］タブ内で行います。

●図14 ［ページ設定］ダイアログで、印刷に追加したい情報を設定

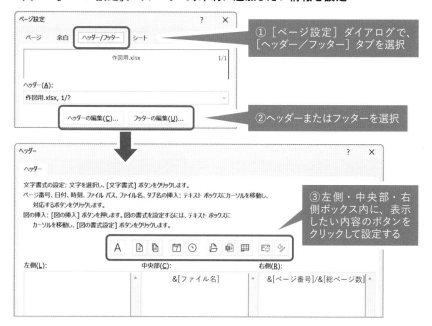

　［ヘッダーの編集］［フッターの編集］ボタンをクリックして表示されるダイアログには、［左側］［中央部］［右側］と、3個所のテキストエリアが表示されます。
　表示させたい位置のテキストエリア内に、表示したい値を、直接入力したり、ダイアログ中央の各種ボタンを使って設定していきます。各種ボタンをクリックすると、「ページ数」「総ページ数」「ブック名」「印刷日時」などの情報を表示するための書式が自動入力されます。
　ページ数の他にも、ブック名や日時は資料のデータを確認・再利用する際に非常に役立つ情報となります。邪魔にならないのであれば、できるだけ配置していきましょう。きっとあとで役に立ちます。

改ページの位置は変更できる

　印刷する際のページの区切りは自動的に判断されますが、任意の位置で改ページを行うよう設定することも可能です。

　改ページ位置を自分で設定するには、[表示] – [改ページプレビュー]を選択するか、シート右下に並んでいる3つのボタンのうちの一番右、[改ページプレビュー]ボタンをクリックします。すると、改ページプレビュー画面に切り替わります。この画面で設定を行います。

●**図15　改ページの設定は[改ページプレビュー]画面で行う**

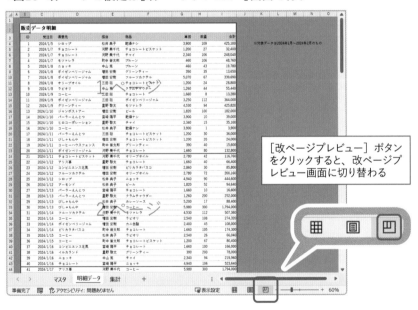

[改ページプレビュー] ボタンをクリックすると、改ページプレビュー画面に切り替わる

　なお、改ページプレビューを取りやめるには、3つのボタンの一番左の[標準] ボタンをクリックします。

改ページしたい位置を設定する

　改ページプレビュー画面では、印刷範囲として設定したセル範囲のみがハイライト表示され、ページの区切り位置には青い点線や実線が表示され

ます。青い点線は自動設定された改ページ位置、実線はユーザー設定の改ページ位置となります。

　改ページプレビュー画面では、任意の位置のセルを選択し、［ページレイアウト］-［改ページ］-［改ページの挿入］を選択することでユーザー設定の改ページを挿入できます。

●図16　セルを選択した位置に、改ページを挿入できる

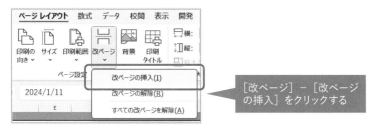

　挿入した改ページを解除するには、［改ページの解除］を選択しましょう。また、設定したユーザー設定の改ページはマウスでドラッグすることでその位置を調整できます。

　図17では、縦に長い表を「20件ずつに区切って印刷」するように改ページ位置を設定しています。このように、1ページ内に印刷するデータ数をコントロールしたい場合に活用していきましょう。

●図17　1ページ内に印刷するデータ件数を、改ページでコントロール

複数シートをまとめて印刷

［印刷］バックステージビューの［設定］ボタンをクリックすると、ブックのうち、どの部分を印刷するのかを指定できます。

●図18 印刷範囲として、ブック、シート、セル範囲などを指定できる

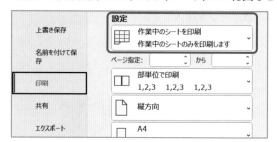

●印刷設定と印刷される範囲

作業中のシートを印刷	アクティブシートのみを印刷　※作業グループを選択している場合は作業グループ内のシートをすべて印刷
ブック全体を印刷	ブック内のすべてのシートを印刷
選択した部分を印刷	実行時に選択しているセル範囲を印刷

「作業中のシートを印刷」を選択した場合は、基本的にアクティブシートのみを印刷しますが、作業グループ（P.168参照）を選択していると、作業グループ内に含まれているシートすべてが印刷対象となります。

　ブック内の複数シートをまとめて印刷したいときには、作業グループを選択してから「作業中のシートを印刷」設定で印刷しましょう。

【Memo】複数部の資料を印刷するには

「3シート目から5シート目までを10部ずつ印刷したい」という場合は、3シート目から5シート目までを作業グループとして選択して「作業中のシートを印刷」設定を行ったうえで、［印刷］ボタン右の［部数］ダイアログに「10」を設定して印刷します。

Excelの画面がほしい場合はスクリーンショットをとる

　紙に印刷したり PDF 形式で出力するのではなく、画面の状態を画像として撮影する、いわゆるスクリーンショット（以下、SS と略）を取りたい場合には、Print Screen キーを押したり、⊞ ＋ Shift ＋ S キーを押します。すると、クリップボードに SS が保存されます。

●図19　⊞ ＋ Shift ＋ S キーでスクリーンショットを撮影

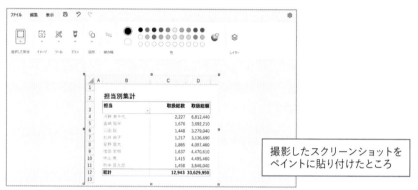

撮影したスクリーンショットを
ペイントに貼り付けたところ

　あとは、Ctrl ＋ V キーで Excel のシート上に貼り付けて利用したり、「ペイント」などのアプリに貼り付け、画像として保存することが可能です。
　また、SS が撮影できるかどうかや、SS の撮影形式は、OS のバージョンによって異なってきます。Windows 10 以上の場合は、⊞ ＋ Shift ＋ S キーで「Snipping Tool」が起動され、SS として撮影する範囲を、画面の全体、特定アプリ画面、マウスで選択した範囲などに設定して撮影することが可能です。
　ブックの操作ガイドの作成時や、トラブルが起きた状態を報告する際などに知っておくと大変役に立ちます。頭の隅に入れておきましょう。
　また、標準の SS 撮影機能では不足する場合には、スクリーンキャプチャを行う専用アプリを別途インストールして利用してもよいでしょう。マウスポインタ画像を取り込んだり、画像を連続保存できたりと、より細かな方法で各種の撮影ができます。

SECTION
6-2

押さえておきたい シートの保護機能

保護するセルと扱えるセルの作り方

　数式を利用して値を表示・計算しているブックを配布する場合、値を入力してもらいたいセルと、数式が入力してあるため値を入力してもらいたくないセル（変更してほしくないセル）が混在しているでしょう。

　例えば、図20の注文伝票風のシートでは、「伝票番号」や「商品ID」「数量」などは入力してほしい個所ですが、「商品」「単価」「金額」は数式が入っているため、「触らないでほしい」個所です。

●図20　数式・関数が入力してあるセルは、変更してほしくない

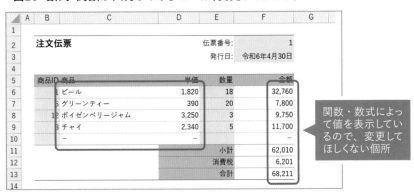

　このようなケースでは、［シートの保護］機能を使って、編集ができるセルとできないセルを設定できます。

　［シートの保護］機能は、シート全体のセルを編集不可能な状態にする機能ですが、その際、セルごとに設定できる「ロック」設定を解除しておくと、そのセルだけは保護時にも編集可能な状態となります。

　個々のセルのロック設定を変更するには、セルを選択し、Ctrl ＋ 1 キー

190

を押すなどの操作で［セルの書式設定］ダイアログを表示し、［保護］タブ内の［ロック］チェックボックスのチェックを外します。

●図21 「編集してもいい」セルのロックを外す設定を行う

「編集したくないセルにロックをかける」のではなく、「編集してもいいセルのロックを外す」点に注意しましょう。設定を変更するのは「編集してもいい」側のセルです。

保護のかけ方と解除方法

ロック設定ができたら、［校閲］-［保護］ボタンをクリックし、［シートの保護］ダイアログを表示して［OK］ボタンをクリックします。

●図22 ［シートの保護］ダイアログで、シートに保護をかける

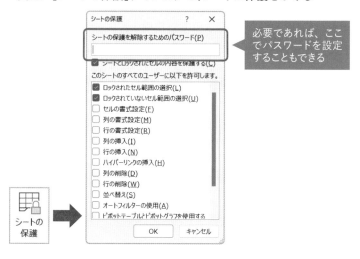

これでロックを解除したセル以外は編集できなくなります。編集を行おうとすると、図23のような警告メッセージが表示されます。

●**図23　保護状態では、ロックのかかったセルを編集できない**

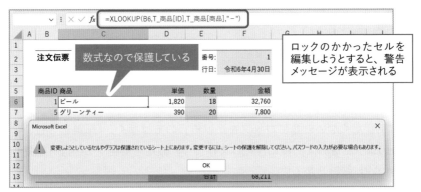

なお、セルの選択や、数式バーを使った数式の内容の確認は行えます。

また、保護状態の際には、[校閲]−[保護]ボタンが[保護の解除]ボタンに置き換わります。[保護の解除]ボタンをクリックすれば保護状態が解除されます。

「せっかく保護しているのに、自由に解除されたら意味がない」という場合には、[シートの保護]ダイアログを表示した際にパスワードを設定しておきましょう。パスワードが設定されている場合、[保護の解除]ボタンをクリックした際にパスワードの入力が求められるようになります。

●**図24　パスワードを設定しておくと、解除にパスワード入力が必要**

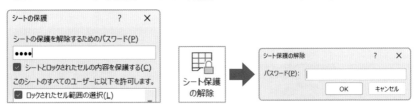

これで数式を壊されるリスクを小さくしたうえで、ブックを使ってもらいたい人に配布できますね。

また、［シートの保護］ダイアログでは、細かな保護項目の設定も可能です。特定操作の許可／保護を切り替えたい場合は利用してみましょう。

シート名やシートの構成を変更してほしくない場合は「ブックの保護」

　セルの編集ではなく、シート名やシートの並び順などの構成を変更してほしくない場合には、［ブックの保護］機能を利用します。ブックの保護を行うには、［校閲］−［ブックの保護］ボタンをクリックします。

●**図25 ［ブックの保護］で、シート構成を保護することもできる**

　ブックの保護を行うと、シート名や並び順の変更、シートの追加や削除が行えなくなります。

●**図26 シート構成を変更しようとすると、警告が表示される**

　「ブックの保護」という名前から「ブック全体のセルの編集の設定かな」と思いますが、そうではない点に注意しましょう。編集できるセルの設定は、シート単位でロックの設定と保護の設定を行っていきます。

【Memo】**シート保護時の Tab キーや Enter キー移動**

　シートが保護されている場合、 Tab キーや Enter キーで移動するセルは、ロックが解除されているセルのみになります。いわゆる伝票形式のシートなどでは、値を入力してほしいセルのみロックを外したうえでシートを保護すれば、 Tab キーだけで入力が必要なセルを順番に移動できます。

お勧めできない「シートの非表示」機能

さて、実はシートやセルは「非表示」にすることもできます。この機能を使い「ブックを配布するときに見せたくない個所を非表示にして配布しよう」と思う方もいるでしょう。しかし、お勧めしません。

●図27　シートやセルは非表示にもできるが、トラブルになりやすい

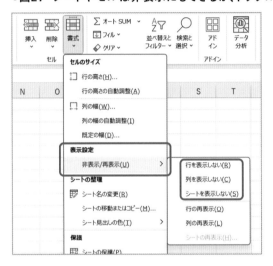

非表示個所は、例えばパスワードをかけて保護していても、その気になれば再表示できてしまいます。残念ながら、Excel の保護機能はそんなには強力ではないのです。

また、非表示個所は作成した当人にでも気づきにくく、うっかり機密事項や外に出したくない計算式を含んだままブックを送信・配布してしまった、というトラブルを生みやすくなります。

「外に出せないデータは、出さない」という当たり前の方針を徹底するためにも、非表示機能は使わない方が安全なのです。

目に見えていれば「これは外に出せないな」とすぐに判断できます。そうなったら、別途計算結果のみをコピーしたブックを作成したり、PDF 形式で出力したりと、自然に他の手段を選択できます。

7章

データベースの基本ルールと作り方

Excelは「データベース」としても活用できます。
顧客名簿や取引履歴など、必要なデータをためておき、
あとから確認や計算に利用するためには
どんな考え方と機能を使えばいいのを見ていきましょう。

「データベース」で可能になる集計・分析とは?

「データベース」とはたくさんのデータをまとめたもの

Excel は表計算を行うだけでなく、データベースとしても活用できます。データベースとは広い意味では「一連のデータを1個所に集め、必要に応じたデータを取り出しやすくしたしくみ」です。紙の辞書やスマホの住所録なども広い意味でのデータベースに当たります。

Excel をデータベースとして扱う場合も同じです。ブック内、シート内にデータを入力しておけば、必要なときに必要なデータを取り出せます。

そして、Excel は表計算アプリです。**必要なデータを取り出したら、そのまま計算・集計するための機能が豊富に用意されている**のです。

●Excelに用意されているデータベースとしての用途の一例

検索	特定の値を持つデータを探し出せる [検索]機能など
並べ替え	複数のデータを特定のルールで並べ替えられる [並べ替え]機能など
抽出	複数のデータから特定条件を満たすものをリストアップできる [フィルター]機能など
計算・集計	複数のデータを使った計算や集計ができる 数式・関数式・ピボットテーブル機能など

ただし、Excel に用意されている各種機能を活用したい場合には、ひとつ注意点があります。それは、「テーブル形式」でデータを入力しておくという点です。

例えば、図1では、シート上に商品説明を入力しています。目で見る分には内容は分かりますし、商品ごとに情報が整理されていますね。

196

●図1 テーブル形式ではない状態で、商品データが入力されている

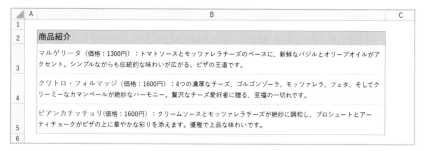

しかし、この状態では［並べ替え］や［フィルター］、［ピボットテーブル］
をはじめとしたExcelの便利な機能は使えません。せっかくExcelを使っ
ているのに、「損」なのです。図1のデータをテーブル形式に整理すると、
図2のようになります。

●図2 テーブル形式に整理しなおして、商品データが入力されている

ID	商品名	価格	説明
pz-01	マルゲリータ	1,300	トマトソースとモッツァレラチーズのベースに、新鮮なバジルとオリーブオイルがアクセント。シンプルながらも伝統的な味わいが広がる、ピザの王道です。
pz-02	クワトロ・フォルマッジ	1,600	4つの濃厚なチーズ、ゴルゴンゾーラ、モッツァレラ、フェタ、そしてクリーミーなカマンベールが絶妙なハーモニー。贅沢なチーズ愛好者に贈る、至福の一切れです。
pz-03	ビアンカチッチョリ	1,600	クリームソースとモッツァレラチーズが絶妙に調和し、プロシュートとアーティチョークがピザの上に華やかな彩りを添えます。優雅で上品な味わいです。
pz-04	4種のキノコ	1,500	シイタケ、エリンギ、マイタケ、そしてポルチーニ。4つの異なるキノコが織り成す深い旨味と香りが広がる、キノコ好きに贈る贅沢なピザです。
pz-05	マリナーラ	900	シンプルながら風味豊かな、トマトソースとニンニクのベースに、オリーブオイルと新鮮なオレガノがアクセント。シチリアの海辺で感じるような素朴な美味しさです。
pz-06	ブッラータ	2,000	とろけるようなブッラータチーズが、トマトソースとの絶妙なバランスを生み出します。クリーミーで贅沢な一切れです。
pz-07	九条ねぎとしらす	1,500	九条ねぎの爽やかな風味と、釜揚げしらすの旨味が絶妙なハーモニー。軽い口当たりと風味豊かな味わいが広がる、和風なピザです。
pz-08	ニジマスの燻製	1,600	燻製されたニジマスの風味と、クリーミーなクリームチーズがマッチ。ピリッと効いたレモンの酸味がアクセント。エレガントな味わいの贅沢ピザです。

この形式であれば、各種の機能が活用できます。まずはテーブル形式の
構成を覚え、テーブル形式でデータを扱うクセを付けておきましょう。
　覚えると言っても、そんなに難しいしくみではありません。しかし、あ
る程度の量のデータを入力して集計を行いたい場合には、作業効率に大き
な差が出るしくみでもあるのです。

「テーブル形式」で使える便利な機能とは?

テーブル形式のデータに利用できる機能をざっと見てみましょう。

並べ替え（ソート）

もっとも手軽に使えるのが［並べ替え］機能（P.220）です。上位／下位のデータをカジュアルに確認できる基本的な操作です。

●図3 「日付」で並べ替えて、最新のデータを確認できる

	B	C	D	E	F	G	H	I
	店舗	ID	日付	商品ID	商品名	価格	数量	小計
3								
4	支店B	45	3月31日	C-4	ミルクリーム　プレーン	550	19	10,450
5	支店A	48	3月31日	C-3	ノディーニ	550	14	7,700
6	本店	53	3月31日	C-12	しっとりリコッタ	550	20	11,000
7	支店B	57	3月31日	C-7	ドライパパイヤ	680	22	14,960
8	本店	85	3月31日	C-8	酵母熟成	490	16	7,840
9	支店B	64	3月30日	C-9	酵母熟成　生タイプ	590	11	6,490

抽出（フィルター）

目的のデータを一気にリストアップできるのが［フィルター］機能（P.222）です。列ごとに「こういうデータがほしいんだけど」と条件を指定し、条件に合うデータをまとめて取り出せます。

●図4 「本店の3月の指定商品」だけを、データとして抽出できる

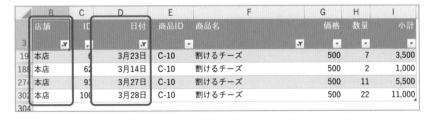

	B	C	D	E	F	G	H	I
	店舗	ID	日付	商品ID	商品名	価格	数量	小計
3								
19	本店	6	3月23日	C-10	割けるチーズ	500	7	3,500
188	本店	62	3月14日	C-10	割けるチーズ	500	2	1,000
274	本店	91	3月27日	C-10	割けるチーズ	500	11	5,500
302	本店	100	3月28日	C-10	割けるチーズ	500	22	11,000
304								

集計（ピボットテーブル）

「商品ごと」「社員ごと」など、「○○ごと」という視点での集計が行える

のが［ピボットテーブル］機能（P.282）です。さまざまな集計方法をすばやく切り替え、グラフの作成までできるので、データの集計だけでなく分析にもよく利用される機能です。

●図5 「商品ごと」「店舗ごと」などの視点で、売り上げを集計できる

商品	支店A	支店B	本店	総計
オレンジピール	127,160	79,560	58,480	265,200
グリーン	46,560	69,120	25,920	141,600
しっとりリコッタ	14,850	66,000	75,350	156,200
ドライパパイヤ	43,520	53,040	29,240	125,800
ノディーニ	42,900	24,750	47,300	114,950
ボッコンチーニ	50,600	48,400	25,850	124,850
ミルクリーム　ガーリック	67,100	44,000	85,250	196,350
ミルクリーム　プレーン	74,250	62,700	63,250	200,200
モッツァレラ	33,800	22,880	75,400	132,080
割けるチーズ	28,500	36,500	48,500	113,500
酵母熟成	91,140	40,670	49,980	181,790
酵母熟成　生タイプ	71,390	67,850	20,060	159,300
焼くチーズ	20,400	27,600	68,400	116,400
総計	712,170	643,070	672,980	2,028,220

表引きによる入力補助（関数など）

XLOOKUP関数やVLOOKUP関数を使った、「商品番号を入力したら、残りの商品名や価格のデータを自動入力したい」といういわゆる表引きのしくみ（P.108）の作成が簡単になります。その他、テーブル形式を前提として作成されている関数が多くあります。

Power Queryによるデータの統合・集計

複数シートのデータ、複数ブックのデータをまとめる際に便利なPower Query（P.274）を利用する際には、扱うデータ範囲がテーブル形式であると、効率よくデータを統合・集計・結合していけます。

大量のデータを扱う際に便利な機能や関数の多くは、ほぼテーブル形式のデータを扱うことを前提にしています。「**まずはテーブル形式でデータを入力し、その後の処理は便利な機能で一気に行う**」というスタイルを意識すると、効率よく業務をこなせるようになるでしょう。

「テーブル形式」にするためのルール

テーブル形式のデータのルールは次の3つです。

1. 同じ種類のデータは、同じ列に入力する
2. ワンセットのデータは1行でひと固まりとする
3. 列には繰り返しがない方がベター

●図6 テーブル形式でデータを入力するときのルール

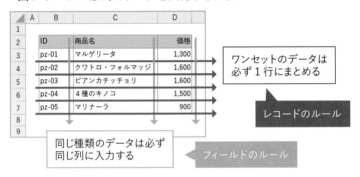

具体的には図6のような形式になります。非常によく見かける形式ですね。この形式です。

本書では以降、テーブル形式にまとめたデータのうち、列方向のデータを「フィールド」、行方向のデータを「レコード」と呼ぶことにします。

通常、フィールドの先頭には、そのフィールドのデータの内容を簡潔に表す名前であるフィールド名を入力します。図6で言う「ID」「商品名」「価格」などですね。フィールド名が横に並んだ。表の1行目の部分は、「フィールド見出し」や「タイトル行」と呼びます。

テーブル形式は、まず、フィールド見出しにフィールド名を横に並べ、その次の行から「1行につき1レコード」のルールでデータを入力していきます。図6では、「1レコード目」はセル範囲 B3:D3 となります。

フィールドとレコード。これがテーブル形式の最も基本的なふたつのルールになります。

3つ目のルールである「列の繰り返しはしない」ルールは、実はフィールドのルールに含まれているのですが、ちょっとややこしい考え方になります。まずは「列の繰り返し」のある表とない表を見比べてみましょう。

●図7　列の繰り返しがない表のほうが、計算に使いやすい

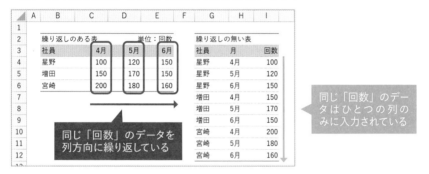

　ふたつの表はどちらも、「3名の社員の、3カ月のデータ」を記録したものです。どちらもフィールド見出しを設定し、レコードが入力されています。

　しかし、左は同じ「回数」のデータが3列に渡って繰り返されています。それに対し右は、「回数」のデータは同じ1列に入力されています。テーブル形式のルールに則った表は、右になります。

「左の方が見やすいのに」と思った方も多いでしょう。筆者もそう思います。しかし、左の表では「回数が100～150のデータを抽出したい」などの操作が手軽に行えないのです。右の表であれば「回数」列にフィルターをかけるだけで一発です。

　このように、**列に繰り返しがない表は、各種機能や計算がやりやすい**のです。言ってみれば**左は「人が見やすい表」、右は「Excelが使いやすい表」です**。最終的に左の表がほしい場合でも、まずは右の表を作れば、特定列のデータを行方向に方向を変えて（ピボットして）集計できるピボットテーブル機能を使えば一瞬で終わります。

　まずはExcelが使いやすい表を作成し、そこから各種機能で人が見やすい表を別途作成した方がいろいろな作業の効率がよくなるのです。

「テーブル形式」に作り替える方法

実は、３つのルールのうち、フィールドとレコードのルールさえ守っていれば、列に繰り返しがあっても各種機能はそこそこ使えます。

そこで、慣れないうちは、まずはフィールドとレコードのルールを意識して作表し、それだけでは不便な点が出てきたら、「列の繰り返し」がないかどうかをチェックし、修正できるようになっていくのがよいでしょう。

以降、よくある「見やすい表かもしれないけど、計算しやすいテーブル形式ではない表」をいくつかテーブル形式に作り替える例を上げます。

●図8　階層を表現している表は、見やすいけどテーブル形式ではない

店舗	商品	販売数
本店	商品A	50
	商品B	100
支店A	商品A	150
	商品B	250

↓

店舗	商品	販売数
本店	商品A	50
本店	商品B	100
支店A	商品A	150
支店A	商品B	250

階層構造の表現は、右のようなテーブル形式に修正できる

図８は表のデータの階層構造を示すために、「店舗」列に値を入力していないレコードがあります。

しかし、テーブル形式で扱おうとすると、ふたつ目のレコードは「店舗名が不明で、商品Ｂが100個のデータ」として解釈されてしまいます。「1行１レコード」のルールに沿って右のように修正しましょう。

●図9　同じ列に「予想」「実績」と、異なるデータを並べるのはルール違反

	国語	数学	理科
生徒	予想	予想	予想
	実績	実績	実績
生徒A	80	85	70
	82	53	78
生徒B	70	90	85
	100	77	42

↓

生徒	教科	予想	実績
生徒A	国語	80	82
生徒A	数学	85	53
生徒A	理科	70	78
生徒B	国語	70	100
生徒B	数学	90	77
生徒B	理科	85	42

同じ列に異なるデータを並べた表は、右のようなテーブル形式に修正できる

図９の左の表は、同じ列に「予想」「実績」の２種類のデータを並べて比較しやすくしています。しかしこの表は「同じ種類のデータは同じ列に入力する」のルールに反します。右のように別の列に配置しましょう。

●図10 項目ごとに列の数を変えてしまうと、テーブルにならない

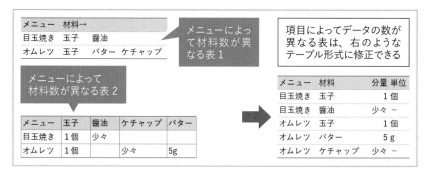

図10左にはふたつの表があります。上の表はレコードごとに列数が変化し、下の表はすべてのレコードで使う「材料」をすべて列方向に書き出し、メニューごとに使う材料の位置にだけデータを書き込んでいます。

上の表は列数がレコードごとに不定です。下の表は「列の繰り返しはしない」ルールに反します。この手の列方向に特定の要素を網羅した形のクロス集計表や、いわゆるL字型にデータを並べる表はよく作表されますが、いずれもテーブル形式の表としては機能しません。

右の表のようにテーブル形式に修正しましょう。そうすれば「メニューごとに必要な材料を知りたい」場合、フィルター機能やFILTER関数などで目的のデータを取り出し、加工して配置できます。

●図11 テーブル形式なら、目的のデータを取り出しやすい

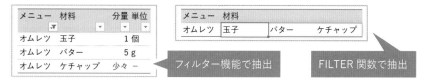

クロス集計表の作成も、ピボットテーブルやPower QueryでOKです。

テーブル形式に変換するスキルは、「見やすい表」をすばやく作るのに便利な機能を使うための「Excelが使いやすい表」を作るスキルです。双方の表の違いを理解し、作業の段階によって使い分け、作り分けられるようになるように、だんだんと慣れていきましょう。

「テーブル機能」でExcelにデータベースを作らせる

「テーブル」の作成方法

テーブル形式のルールについて見てきましたが、実はExcelにはテーブル形式でデータを扱うことを前提にした、[テーブル] 機能が用意されています。テーブル機能は、「このセル範囲はテーブル形式で扱いますよ」とExcelに知らせ、フィールド単位やレコード単位での参照・計算や、データの追加・消去などをやりやすくしてくれる大変便利な機能です。

任意のセル範囲を「テーブル」として認識してもらうには、セル範囲を選択し、[挿入]-[テーブル] ボタンをクリックします。

●図12　選択したセル範囲を、ボタンクリックでテーブルに変換できる

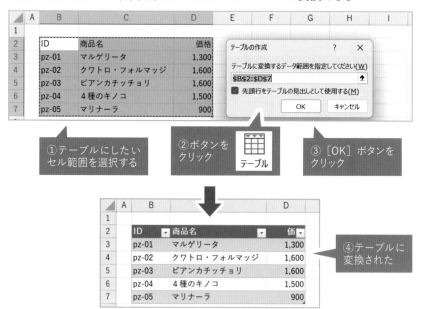

すると［テーブルの作成］ダイアログが表示されるので、［先頭行をテーブルの見出しとして使用する］にチェックが入っていることを確認して［OK］ボタンをクリックします。

　すると、選択セル範囲が「テーブル」として登録され、書式の設定やフィルターボタンが表示されます。

テーブルの設定は［テーブルデザイン］タブで行う

　テーブル範囲の任意のセルを選択すると、リボンに［テーブルデザイン］タブが表示されます。テーブルに関する設定は、ここで行います。

●図13　テーブルの設定は［テーブルデザイン］タブで行う

　テーブルを作成したら、まずは何をさておいてもテーブル名を設定しておきましょう。リボン左端の［テーブル名］欄に任意の名前を入力します。テーブル名は数式やPower Queryなどでテーブルを利用する際の目印になります。簡潔で、データの内容が分かる名前を付けるのがお勧めです。

　また「商品テーブル」のように名前に「テーブル」を付けたくなりますが、「商品」「T_商品」のように短い名前にしておいた方が、数式内で使いやすくなります。ちょっとしたコツですが、使い勝手が変わります。

　なお、いったんテーブル形式に変換したセル範囲を、通常のセル範囲に戻すには、［範囲に変換］ボタンをクリックします。

●図14　［範囲に変換］で、テーブルから通常のセル範囲に戻せる

「テーブル」のおせっかい機能を解除する

さて、テーブル機能を初めて使用したときにまず思うのは「見た目がいきなり変わった」ということではないでしょうか。テーブル範囲には既定の一連の書式（スタイル）が用意されており、テーブルに変換すると同時にそのスタイルが適用されます。

このスタイルは、［テーブルデザイン］タブ内の右側の各項目で設定／解除が可能です。好みの見た目に設定していきましょう。

●図15　テーブルの見た目など、スタイルを修正する

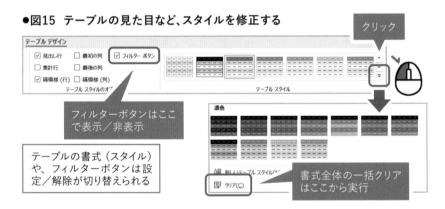

よく使う設定は、［フィルターボタン］チェックボックスによる［▼］ボタンの表示／非表示の切り替えと、［テーブルスタイル］欄右下のボタンをクリックすると表示されるメニューの一番下にある［クリア］メニューでしょう。

とくに、テーブル形式に設定する前に自分で表の書式を設定していた場合、このスタイルの適用は「必要ないおせっかい」です。［クリア］ボタンをクリックしてスタイルを解除すれば、もとの書式に戻ります。

なお、［範囲に変換］ボタンを使ってテーブル範囲を通常のセル範囲に戻した場合、テーブルにスタイルが適用されていれば、そのスタイルの書式は残ったままになります。

もし、書式が不要であれば、［範囲に変換］ボタンをクリックする前に忘れずに［クリア］メニューを選択してスタイルを解除しておきましょう。

ブックで利用する色のしくみを知っておこう

さて、このスタイルの書式を含む色やフォントなどの全体的な見た目に関するデザインは、「テーマ」というしくみで管理されています。

テーマはブック単位で管理されており、ブックに適用されているテーマは、［ページレイアウト］‐［テーマ］で確認／修正できます。とくに色に関しては、［配色］ボタンから確認／設定可能です。

●図16　そもそもテーマやスタイルは、ブック全体の設定になっている

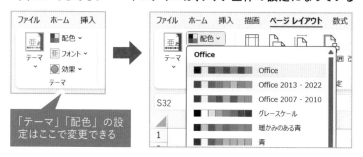

「テーマ」「配色」の設定はここで変更できる

とくにテーマを設定していないブックは、そのブックを開いたPCのExcelの既定のテーマが割り当てられます。そのため、**ブックを他のPCに持ち込むと、既定のテーマが異なることが原因で「あれ？いつもと色が違うぞ？」という事態が起きます。**

とくにバージョンの違うExcel間では、既定の配色が異なるためにけっこう見た目が変わります。きれいに見やすく作ったはずの表が、送信先では見にくい色になっていたら悲しいですよね。このトラブルが起きないようにするには、ブックごとに［配色］をきちんと選んでおけばOKです。

【Memo】カスタムの配色を作成するには

「コーポレートカラーを基調とした色を使いたい」など、カスタムの配色を作成したい場合は、［配色］ボタンをクリックして表示されるリストの一番下にある［色のカスタマイズ］メニューを選択します。［テーマの新しい配色パターン］ダイアログが表示されるので、そこからRGB値などを使って好みの色を設定していきましょう。

「テーブル」で加速するデータ入力

テーブル範囲にはデータの追加／消去をスムーズに行うための各種機能が用意されています。

まず、Tab キーです。テーブル内では Tab キーを押すことで、テーブル範囲内のみを移動できます。

末尾の列で Tab キーを押せば、次のレコードの先頭列へと移動し、さらに、テーブルの最終レコードの末尾のセルで Tab キーを押すと、書式などを引き継いだ新規のレコード行が準備されます。

●図17 最終行の末尾で Tab キーを押して、新規レコード行を作成

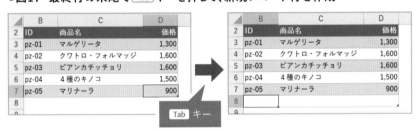

このとき、テーブル範囲とするセル範囲も自動的に拡張されます。Tab キー使ってどんどん入力していけば、自動的にテーブル範囲を拡張しながらデータを追加していけるわけですね。また、テーブルの末尾に追加する形でデータを貼り付けても、自動的にテーブル範囲を拡張します。

●図18 コピー＆ペーストしたときも、テーブル範囲が自動で拡張する

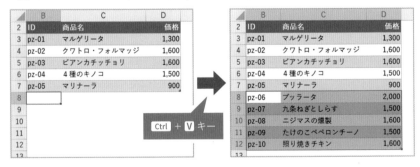

テーブル範囲を右クリックして表示されるオプションメニュー内から
は、フィールド単位・レコード単位で各種の操作が行えます。
　とくに画面に収まりきらないほどのテーブルの場合、新規の列の追加や、
途中の位置に新規レコードを挿入する際に便利なしくみです。

●**図19　右クリックで、フィールド・レコード単位の追加などを行う**

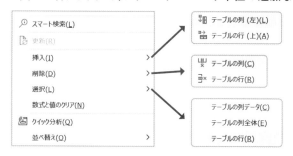

　また、テーブル範囲の再設定は、テーブル右下のマーカーをドラッグす
ることでも行えます。マーカーにマウスポインタを近づけ、形状が変わっ
た時点でドラッグすると、その範囲がテーブル範囲として再設定されます。

●**図20　テーブルの末尾にあるマーカーで、テーブルの範囲を変更する**

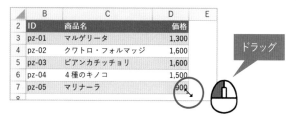

　ドラッグ操作はテーブル範囲の拡張も縮小することも可能です。思わぬ
範囲まで自動拡張されてしまった場合には、こちらの方法で意図した範囲
になるよう修正していきましょう。

【Memo】 Ctrl + A キーでテーブル内全体を選択
　いろいろな「全体」を選択するショートカットキーである Ctrl + A キーも、テー
ブル範囲内で使うと、「テーブル範囲全体」のみを選択します。

テーブル名や列名で数式が作成できる

テーブル機能を使う最大のメリットが、テーブル範囲のデータを、セル番地ではなく、フィールドやレコード単位で「安全」に扱えるようになることです。このしくみを構造化参照と呼びます。

構造化参照は、数式内でテーブル名やフィールド名、決まった形式を使うことで、対応するセル範囲を参照できるしくみです。図21は左上の「社員」テーブルを、各種の構造化参照式を使って参照した結果です。

●図21 テーブル名やフィールド名でデータを参照できる

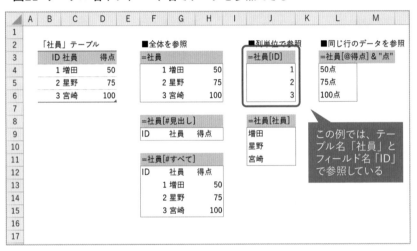

●構造化参照式と参照する場所

式	参照する場所
テーブル名、もしくは、テーブル名[#すべて]	テーブルのレコード範囲全体（タイトル行は含まない）
テーブル名[#見出し]	タイトル行の範囲
テーブル名[#すべて]	テーブル範囲全体
テーブル名[列名]	指定列のデータすべて
テーブル名[@列名]	同じ行の指定列のデータ

「=$B$4:$D$6」のように指定することなく、「= 社員」と書くだけでよくなります。式が見やすくなりますね。

テーブル範囲の自動更新と組み合わせて事故を防ぐ

テーブル範囲と構造化参照のしくみによるメリットは、式が見やすくなるだけではありません。最大のメリットは、「**データ更新の際に起きがちな事故を自然に防げる**」点です。

図 22 は、典型的な「データ更新に合わせた数式の変更し忘れの事故」です。本来は「160」という結果がほしいのに「60」になっています。

●図22　起きがちで危ない、数式の変更し忘れ

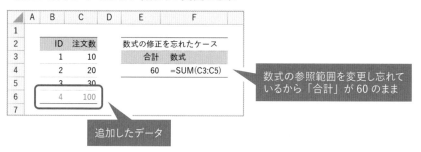

データ側で新規のデータを追加したのに、数式側で追加データ分のセル範囲を参照していないため、「間違った情報で仕事を進める」状態になってしまっています。正しいと思っている数字が実は間違っているというのは致命的です。正確さを信じて Excel を使っていたはずが、逆に不正確な結果になってしまっています。できるだけ避けたい状態ですね。

しかし、テーブル範囲と構造化参照式を使っていれば、テーブル側のデータ側を更新すれば、テーブル範囲が自動更新され、さらに**テーブル範囲のデータを参照している数式側も自動変更されます**（構造化参照式の場合は、式はそのままで、自動的に参照セル範囲が変更されます）。

「注意すれば事故を防げる（注意しないと事故が起きる）」のではなく、「しくみとして事故が防げる」ようになるわけですね。とくに日々更新するデータを扱う場合には、積極的に取り入れていきましょう。

大量のデータを扱うときはルールを決めておく

計算が楽なテーブル形式にどう持っていくのかを考える

　大量のデータを管理・計算する際には、テーブル機能を中心にすえて作業を行うのが非常に便利です。

　本当に便利ですが、注意したいのは、**テーブル形式は、あくまでもExcel の機能や計算を利用する際に便利な表であり、人間にとっての見やすさや使いやすさに特化した表ではない**という点です。

●図23 「見やすい表」と「計算しやすい表」は別もの

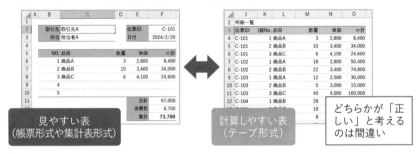

　今までExcel での集計作業や数式の作成・メンテナンスに苦労されてきた方ほど、テーブル機能の便利さに感動し活用していこうとされるでしょう。使わないのは損、と言ってもよいほど便利なのです。

　ですが、**すべてのデータを最初からテーブル機能で入力させようとしたり、テーブル形式で結果を見せたりというのは、間違っています**。結果を見る場面には見やすい表が、データを入力する場面では入力しやすい表がベストでしょう。そして計算する場面なら、テーブル形式です。

　Excel はどちらの表の作成にも便利なアプリです。どちらかの表のみを利用するのではなく、作業の段階や目的に応じ、手持ちのデータを各局面

に適した形の表に変形しながら作業を行っていくことが、結果として作業をスムーズにすばやく進めるコツなのです。

データの分割・統合を見据えて最終的なテーブルの構成から逆算

さて、計算を行う局面においては、**扱うデータが大量になればなるほど、ひとつのテーブルに落とし込んだデータに対して各種機能を利用するスタイルが効率的**になってきます。

しかし、あまりに大量なデータは我々人間にとっては扱いにくいため、「店舗ごと」「商品ごと」など、分割して管理したり、帳票形式のシートでひとつひとつのデータを入力しやすくしている場合も多いでしょう。

このような場合、「分散しているデータを最終的にひとつにまとめたテーブルを作成するしくみ」を考えておくと作業が進めやすくなります。

●図24　帳票のデータをテーブル形式の状態にまとめている例

入力用の帳票

取引先	取引先A	伝票ID	C-101
担当	担当者A	日付	2024/2/20

NO.	品目	数量	単価	小計
1	商品A	3	2,800	8,400
2	商品B	10	3,400	34,000
3	商品C	6	4,100	24,600
4				
5				
			合計	67,000
			消費税	6,700
			集計	**73,700**

出力用の表

伝票データ

伝票ID	日付	取引先	担当者	合計	消費税	集計
C-101	2024/2/20	取引先A	担当者A	67,000	6,700	73,700

明細データ

伝票ID	明細No.	品目	数量	単価	小計
C-101	1	商品A	3	2,800	8,400
C-101	2	商品B	10	3,400	34,000
C-101	3	商品C	6	4,100	24,600
C-101	4	0	0	0	0
C-101	5	0	0	0	0

帳票形式でデータを入力すると、関数でテーブル形式に自動変換して、表示するようになっている

例えば、図24では同じシート上に、データを帳票形式で入力する表と、そのデータをテーブル形式に変形する関数式をセットで用意してあります。個々のデータをひとつにまとめる際には、変形した方をコピーしたりPower Queryで集計すれば一気に実行できます。

その他「決められたセル範囲に作表する」「一定のルールで名前付きセル範囲名やテーブル名を付けておく」など、あらかじめ「ひとつのテーブルに持っていく作業」を意識したしくみやルールを決めておくと、大量のデータを一気に計算しやすくなります。

データの「クレンジング」で分析精度を高める

　複数データを集計する際に用意しておいた方がいいしくみのひとつに、データを「洗う」しくみがあります。データクレンジングと呼ばれるこの作業は、同じ対象を意図しているデータの表記が異なっている、いわゆる「表記ゆれ」のために、意図した形で集計できない、という事態を防ぐための作業です。

　例えば、図25は「りんご」「レモン」のデータの個数を記録した表です。

●図25　データの表記が微妙に違うだけで、意図した集計ができない

元のデータ			集計結果		
商品	個数		商品 ↴	合計	
レモン	10		レモン	25	
ﾚﾓﾝ	15		レモン	10	
レモン	20		ﾚﾓﾝ	15	
レモン	25		りんご	150	
りんご	50		レモン	20	
りんご	100		総計	220	

> 「りんご」「レモン」のふたつに分けて集計したいのに、別のデータとして集計されてしまっている

　意図としてはふたつの商品のデータなのですが、「レモン」の表記が全角だったり半角だったり、スペースが入っていたりと、ゆれています。このままピボットテーブルなどで集計すると、表記のゆれの数だけ別の対象と判断され、集計されてしまいます。

　そこで、なんらかの方法で、表記のゆれを修正するしくみを用意します。図26では、関数を使って表記のゆれを修正しています。

●図26　関数を使って、表記ゆれを修正するしくみを用意できる

元のデータ		揺れを修正したデータ		集計結果	
商品	個数	商品	個数	商品 ↴	合計
レモン	10	レモン	10	りんご	150
ﾚﾓﾝ	15	レモン	15	レモン	70
レモン	20	レモン	20	総計	220
レモン	25	レモン			
りんご	50	りんご	50		
りんご	100	りんご	100		

商品	個数
=TRIM(JIS(B4))	

表記のゆれは、特定セル範囲内のすべてのセルに対して一括して修正を行えるしくみがベストです。候補としては以下のふたつが手軽で強力です。

- ［置換］機能で一括置換（P.225）
- 関数で置換

●表記ゆれの修正に使える関数の候補

関数	用途
JIS／ASC関数	全角／半角に統一
UPPER／LOWER関数	大文字／小文字に統一
LEFT／MID／RIGHT関数	指定位置から文字列を取り出す
FIND／SEARCH関数	特定文字の位置を計算する
REPLACE関数	特定範囲の文字列を置換する
SUBSTITUTE関数	特定文字列を置換する
TRIM関数	データの前後の空白を取り除く
TEXT関数	数値に書式を割り当てた文字列を作成

　本書では誌面の関係上、個別の関数に関しての解説は行いませんが、サンプルファイルやWeb、他の書籍などで使い方をチェックしてください。

　データのクレンジングは、表記ゆれの修正の他にも、「文字列まじりで記録されている数値を取り出す」「日付が年・月・日バラバラに入力されているのでひとつの日付シリアル値に変換する」など、扱うデータに応じた、多種多様な細かな変換作業が要求されます。

　また、**大量のデータを集計する場合には、データ数が増えれば増えるほど個々の表記のゆれに気づくのが難しくなってきます**。そして、ゆれがあれば正確な集計はできません。とても地味で時間も手間もかかる作業なのですが、大切な作業なのです。

　自分なりの「洗うときの道具と必勝変換パターン」を用意しておくと作業がはかどります。その際には手作業ではなく、関数や各種機能を使って自動化できる部分を増やすよう心がけると、速度面や変換のモレやヌケを防ぐ面でも有効になってくるでしょう。

重複データは削除する?

大量のデータを集計する際にもうひとつ気を付けたいのが、重複データの存在です。図27では同じ「伝票番号」のレコードがあったり、取引内容がまったく同じレコードがあったりする状態です。

●図27 データの重複が疑われる表の例

伝票番号	日付	取引先	担当	金額
D-1	5月10日	取引先A	増田	128,000
D-2	5月12日	取引先B	星野	250,000
D-2	5月13日	取引先B	宮崎	270,000
D-3	5月10日	取引先A	増田	128,000

> 同じ伝票番号のレコードがあったり、内容が同じレコードがあったりする状態

二重入力や、データの修正をするつもりが別件として入力してしまうなど、データが重複する場面はよくあります。

重複させないしくみが作れればベストですが、集計段階に対処できる手段も考えておきましょう。以下、よく使う手法を見てみましょう

まずはCOUNTIF関数を利用する方法です。「伝票番号」など、重複を判断するカギとなる列について、「この伝票番号は列内にいくつあるのか」をカウントし、結果が「1」より上の場合は重複データがあると判断してチェックする方法です。

●図28 COUNTIF関数を利用して、重複データを自動でカウント

複数列のデータが一致しているかどうかを判断したい場合は、少々乱暴ですがCONCAT関数などを利用して「チェックしたい列のデータをすべて連結した文字列」を作成し、その値の個数をCOUNTIF関数で数えます。

●図29　作業列を作成して、複数列でのデータ重複がないかチェック

	B	C	D	E	F	G	H	I
2	伝票番号	取引先	担当	金額	重複判定用の値	作業列の個数をカウント		
3	D-1	取引先A	増田	128,000	取引先A増田128000	=COUNTIF([重複判定用の値],[@重複判定用の値])		
4	D-2	取引先B	星野	250,000	取引先B星野250000	1		
5	D-2	取引先B	宮崎	270,000	取引先B宮崎270000	1		
6	D-3	取引先A	増田	128,000	取引先A増田128000	2		
7								

作業列の連結データを、COUNTIF関数で重複がないかチェック

「取引先」「担当」「金額」を連結した値

　かなり見た目がうるさくなりますが、疑わしいデータを手軽に洗い出せる方法です。

　また、重複の疑いがあるデータが見つかったら、[並べ替え]機能で重複を判断するカギとした作業列を並べ替えます。これで、重複の可能性があるデータが上下に並びます。重複しているデータの多くは、どちらが正しいデータなのかを目で見て確認するしかない場合が多いです。並べてみて、ひとつひとつ判断し、修正していきましょう。

　データが洗い出せたら、COUNTIF関数を入力した列などの作業用の列は削除してしまって構いません。

　重複データを見つける作業には、条件付き書式の[重複する値]ルールも利用できます。重複を判断するカギとする列全体を選択し、[条件付き書式]-[セルの強調表示ルール]-[重複する値]を選択すると、図30のように重複する値を持つセルに書式が設定されます。

●図30　条件付き書式を使うと、重複データを目視で確認しやすい

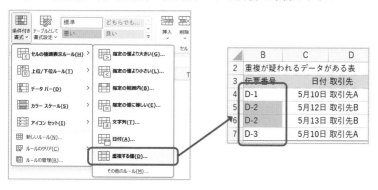

あとは COUNTIF 関数のとき同様、［並べ替え］機能で並べ替え、上下に並んだデータを目視でチェックし、修正していきましょう。

最後は、［重複の削除］機能です。［データ］-［重複の削除］ボタンから表示される［重複の削除］ダイアログでは、重複のチェックの基準とする列を指定できます。

●図31 ［重複の削除］機能で、指定した列が重複するレコードを削除

基準列を選び終わったら、［OK］ボタンをクリックすると、重複しているレコードは、一番上を残して残りは削除してくれます。楽ちんですね。

注意点は、一部の列に注目して重複を削除したときには、並べ替えて目視したときとは違い、問答無用で一番上のデータのみを残して削除してしまう点です。一番上のデータが「正しい」のであればいいのですが、打ち直しが二重登録されている場合など、見ないと分からないケースには対応できません。

ただ、重複チェックの最初の作業として「全フィールドが一致しているレコードを取り除く」際にはこの心配はありませんね。初手の作業として活用していきましょう。

大量のデータを扱う際には、「表記ゆれやデータの重複は起きるもの」と考えて、それをチェックするクセをつけておきましょう。あわせて、チェックするための手段を考えておくと、スムーズに作業を進め、集計結果や分析結果の精度を高めることができるでしょう。

8章

データベース からの 検索と抽出

データベースから必要なデータを取り出したり、
絞り込んだりするためにはどうすればいいのでしょうか。
その「検索」や「抽出」のために利用できる機能や
関数を見ていきましょう。

目的のデータを見つける ための4つの手段

「並べ替え」機能で注目したいデータを整理

Excel のブック内に記録しておいたデータから目的のものを探す方法を見ていきましょう。スクロールバーや矢印キーで地道に探すのもいいですが、もっと便利な機能が用意されています。

テーブル形式でデータが整理されている、最も手軽で話がはやいのが[並べ替え]機能です。「価格が一番安い／高いデータを知りたい」などの目的であれば、ボタンひとつで目的のデータがリストアップされます。

●図1 「安い順に調べたい」場合は、「価格」列を基準に並べ替え

	B	C	G	H	I	J
3	書籍ID	タイトル	価格	発行年	ページ数	読者評価
4	1	花とコンクリートの街	3,260	2007	264	38
5	2	死者の声を聞く男	1,060	2010	120	28
6	3	夜の蝶	1,270	2007	334	25
7	4	人間関係の奥深さ：つながりと孤独	3,310	2010	222	25

	B	C	G	H	I	J
3	書籍ID	タイトル	価格	発行年	ページ数	読者評価
4	138	運命の赤い糸	690	2010	164	45
5	32	AIとの対話: 未知なる知性との出会い	730	2005	339	4
6	43	呪いの影	730	2007	163	2
7	37	JavaScriptの深淵	740	2009	156	45

また、テーブルのデータを順番にチェックしていく際にも「伝票 ID 順」「氏名の 50 音順」「年齢順」など、さまざまな順番に並べ替えてから作業を開始できます。並べ替えは「ソート」とも呼ばれ、テーブル形式のデータを、注目したいものに合わせて見やすく整理する際の基本操作になります。

並べ替えを行うには、基準となる列見出しのセルを選択し、[データ]タブ内にある [昇順]、もしくは [降順] ボタンをクリックするだけです。

●図2　列見出しのセルを選択し、［昇順］／［降順］ボタンで並べ替え

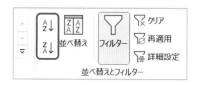

$\begin{smallmatrix} A \\ Z \end{smallmatrix}\downarrow$ ボタンが「昇順（小さい順）」、$\begin{smallmatrix} Z \\ A \end{smallmatrix}\downarrow$ ボタンが「降順（大きい順）」です。どちらのボタンをクリックすればいいのか一瞬悩みますが、「クリックしてみて思っていたのと違ったらもうひとつをクリックする」スタイルでも十分です。どちらだったかな、と考え込んで思考を途切れさせるよりも、どんどんボタンをクリックして目的の情報を画面に表示させていきましょう。

　また、「読者評価が高くて、発行年が最近の本」など、複数列のデータに注目したい場合には、注目したい列ごとに順番に並べ替えます。

●図3　優先順位を考えて、複数列で並べ替え

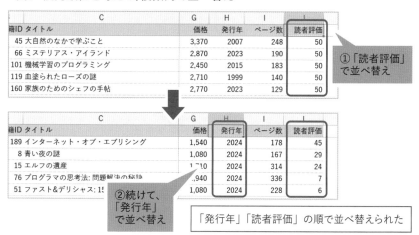

籍ID	タイトル	価格	発行年	ページ数	読者評価
45	大自然のなかで学ぶこと	3,370	2007	248	50
66	ミステリアス・アイランド	2,870	2023	190	50
101	機械学習のプログラミング	2,450	2015	183	50
119	血塗られたローズの謎	2,710	1999	140	50
160	家族のためのシェフの手帖	2,770	2023	129	50

①「読者評価」で並べ替え

籍ID	タイトル	価格	発行年	ページ数	読者評価
189	インターネット・オブ・エブリシング	1,540	2024	178	45
8	青い夜の謎	1,080	2024	167	29
15	エルフの遺産	1,710	2024	314	24
76	プログラマの思考法: 問題解決の秘訣	1,940	2024	336	7
51	ファスト&デリシャス: 15	1,080	2024	228	6

②続けて、「発行年」で並べ替え

「発行年」「読者評価」の順で並べ替えられた

　並べ替えは、データの分析や集計を行う際のはじめの一歩となる機能です。データが見やすくなるだけでなく、「最も大きい／小さい値のデータ」を確認し、「なぜ、一番なのか」を考えることで、なんらかのヒントが得られるでしょう。操作も手軽なので、さまざまな視点をすばやく切り替えながら考える作業にも向いていますね。

「フィルター」機能で注目したいデータのみを抽出

テーブル形式に整理されたデータのなかから、特定の値を持つデータをリストアップしたい場合に便利なのが［フィルター］機能です。

図4では書籍のリストから「ジャンルが『IT』のデータ」という条件で絞り込み、リストアップしています。

●図4 ［フィルター］機能で、「ジャンル」が「IT」のデータを抽出

	B	C	D	E	F	G
3	書籍ID	タイトル	ジャンル	著者	出版社	価格
4	138	運命の赤い糸	一般文芸	関口 暁子	技巧評論社	690
5	32	AIとの対話: 未知なる知性との出会い	IT	岩崎 健	ライブラ	730
6	43	呪いの影	ホラー	谷口 千裕	イマジョン出版	730
7	37	JavaScriptの深淵	プログラミング	前村 和郎	技巧評論社	740
8	100	コードの詩: プログラマの感性	プログラミング	酒井 明日香	技巧評論社	740
9	107	読書の魔法: 文学との対話	エッセイ・ノンフィクション	武田 裕子	ViVis	780
10	16	魔法の花束	一般文芸	山添 渚	マジカルページ	830

	B	C	D	E	F	G
3	書籍ID	タイトル	ジャンル	著者	出版社	価格
5	189	インターネット・オブ・エブリシング	IT	鈴木 恵	技巧評論社	1,540
12	49	スマートテクノロジーの夜明け	IT	石井 朋子	技巧評論社	1,040
23	112	プログラマーの冒険	IT	松井 麻衣	きゃんぱす	1,060
26	143	デジタルトラストの構築	IT	末澤 隆志	技巧評論社	2,550
35	35	インターフェースの進化	IT	梅田 勝一	イマータイ	880
204						

フィルター機能などで「条件に合ったデータを絞り込む」操作は、データを「抽出」する、という言い方もします。**大量のデータから、目的にあったデータを抽出できる機能がフィルター機能**というわけですね。

フィルター機能を利用するには、図5のように、テーブル形式のセル範囲の任意の見出しセルを選択し、［データ］-［フィルター］ボタンをクリックします。すると、タイトル行の各セルの右下に［▼］ボタンが表示されます。

［▼］ボタンをクリックすると、列に入力されているデータがチェックボックス付きのリストにリストアップされます。

このリストのうち、抽出したいもののみにチェックを入れて［OK］ボタンをクリックすれば抽出が実行されます。

●図5 ［▼］ボタンを表示して、すばやくデータを抽出

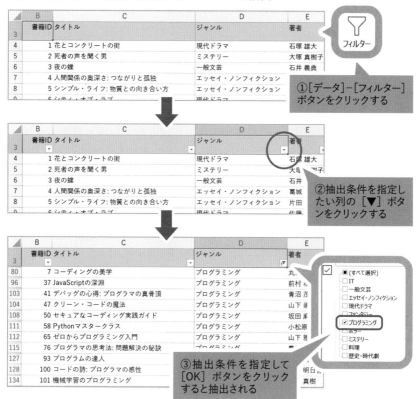

　抽出したい値を選択する際には、まず一番上の「（すべて選択）」のチェックを外し、リストのすべてチェックボックスの選択を解除してから、あらためて抽出したい値のみをチェックするのがお手軽です。

　なお、抽出条件は「ジャンルが『プログラミング』で、発行年が『2024年』のデータ」など、列ごとに個別に設定可能です。複数列に指定した場合は、そのすべての条件を満たすデータが抽出されます。

【Memo】テーブル機能には標準装備

　テーブル機能を使って設定したテーブル範囲には、最初から［▼］ボタンが表示されます（P.204 参照）。

「検索」機能で個別のセルを走査

テーブル形式にまで整理しきれていないデータからも目的のデータを探したい場合に便利なのが、［検索］機能です。雑多なデータやメモ書きにとりあえず入力しておき、あとで「あのデータどこだったかなあ」とすばやく探し出せます。非常にカジュアルに記録＆確認ができますね。

検索を行うには、Ctrl＋Fキーを押し、図6の［検索と置換］ダイアログを表示し、［検索する文字列］に検索したい単語を入れて［次を検索］ボタンをクリックします。すると、該当セルへと移動します。

●図6 ［検索］機能を利用して、目的のセルに移動

繰り返し［次を検索］ボタンをクリックすると、次にヒットしたセルに移動します。目的のセルにたどり着くまで、ボタンをクリックしましょう。

ちなみに、Altキーを押しっぱなしにしてFキーをポンポン押していくと、そのたびに［次を検索］機能を実行し、連続してセルを検索できます。慣れるとこちらの方が速いです。

また、［すべて検索］ボタンを押すと、図7のようにダイアログ下端に該当セルがリストアップされ、内容のダイジェストも確認できます。任意のリストをクリックすると、該当セルへと移動します。検索値を持つセルを一括で把握したい場合などに便利ですね。

●図7　［すべて検索］ボタンで、対象セルをリストアップできる

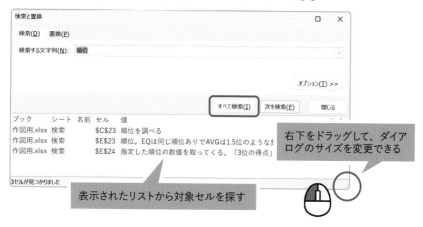

右下をドラッグして、ダイアログのサイズを変更できる

表示されたリストから対象セルを探す

［置換］タブで値の置換も可能

　ダイアログの［置換］タブでは、検索値に加え、［置換後の文字列］も入力できます。［すべて置換］ボタンをクリックすれば一括で検索値を［置換後の文字列］に置換し、［次を検索］や［置換］ボタンを使えば、ひとつひとつのセルを確認しつつ、実行したいセルだけを置換できます。

●図8　［置換］タブで値の一括置換も可能

［置換］タブを選択

検索したい値と、置換後の値を入力

ボタン操作で一括／個別に置換

　ちなみに、［検索と置換］ダイアログは、**表示したままセルの内容を編集できる珍しいダイアログ**です。特定の値を持つセルを順番に検索・確認しながら、あとで使いたい値のセルをそのまま選択して背景色を設定したり、コピーしたりと、データの確認とピックアップ操作を同じ流れで継続できます。非常に手軽で便利ですね。カジュアルに検索・確認・修正を行う際の、ファーストチョイスとなる機能なのです。

「条件付き書式」で目的のデータをハイライト表示

データを探し出すのではなく、目的のデータのあるセルのみに特定の書式を設定して目立たせたい、という際に利用できるのが［条件付き書式］機能です。

図9では「担当」列のセル範囲に、「値が『水田』であれば書式を変更する」というルールで条件付き書式を設定してあります。

●図9　条件付き書式で、自動的に特定のセルを目立たせる

	A	B	C	D	E	F	G	H
1								
2		明細一覧						
3		ID	受注日	担当	商品名	価格	数量	小計
4		1	12月1日	水田	グリーン	400	19	7,600
5		2	12月1日	水田	ゴーダ	450	26	11,700
6		3	12月1日	檜	ゴーダ	450	95	42,750
7		4	12月2日	水田	パルメザン	300	52	15,600
8		5	12月2日	中山	パルメザン	300	43	12,900
9		6	12月2日	中山	ブッラータ	1,000	59	59,000
10		7	12月3日	檜	ブッラータ	1,000	42	42,000

特定の値を持つデータを目立たせることができますね。

また、条件付き書式は他の検索・抽出系の機能と異なり、すでに入力されている値をチェックするだけでなく、常時チェックを行います。

常に特定セルの値を見張っておき、「今、決めておいたルール満たしてますよ！」と知らせてくれる監視役を用意する、というイメージです。

［検索］機能などは、自分が「探したい」と思ったタイミングで目的のデータを探す機能ですが、条件付き書式は「探したい」というルールを事前に決めておき、Excel に知らせてもらう機能なのです。

「在庫数が 10 を切ったら知らせてほしい」「合計が 500 を超えたら教えてほしい」などのしくみが作成できるわけですね。

このようなしくみのため、条件付き書式の設定はセル単位で行います。条件付き書式を設定したいセル範囲を選択し、［ホーム］-［条件付き］ボタンをクリックします。すると、図 10 のように用意されているルールがメニュー表示されるので、希望のものを選択します。

●図10 セル範囲を選択して、条件付き書式を設定する

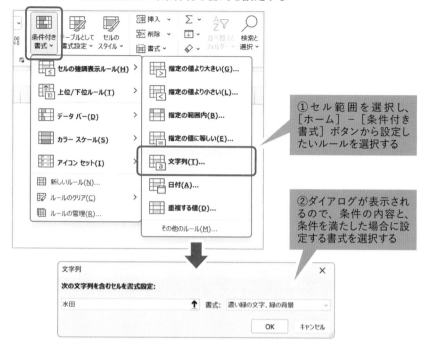

ルールを選択すると、選択したルールに応じた追加の情報を入力するダイアログが表示されるので、情報を入力し、さらにルールを満たしたときに適用する書式を設定すれば完成です。

また、設定済みの条件付き書式は、[条件付き書式] - [ルールの管理]から表示される専用ダイアログで一括確認／修正ができます。

●図11 設定した条件付き書式は、専用ダイアログで確認／編集できる

「並べ替え」の コツと注意点

複数列で並べ替えの設定もできる

並べ替え機能は、[昇順]／[降順]ボタンをクリックしてカジュアルに並べ替えを行うだけでなく、複数列の並べ替えルールを一括して細かく設定・修正しながら並べ替えを行うことも可能です。

テーブル形式で入力されているセル範囲の任意のセルを選択して、[データ]-[並べ替え]ボタンをクリックすると、図12の[並べ替え]ダイアログが表示されます。

●図12 [並べ替え]ダイアログを使って、複数列の設定で並べ替え

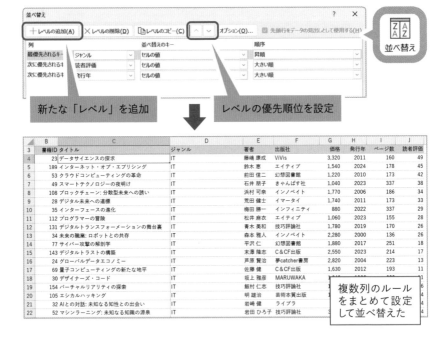

［並べ替え］ダイアログでは、列ごとの並べ替えルールを「レベル」として管理し、複数のレベルを優先順位を付けながら作成できます。図12では「ジャンル」「読者評価」「発行年」の3列の順に優先順位を設定し、それぞれ並べ替えルールを設定して並べ替えを行っています。

個々のレベルはダイアログ左上の［レベルの追加］ボタンをクリックして追加し、設定します。そのうえで、各レベルの優先順位は、［∨］［∧］ボタンを使って設定していきます。

個々の列を順番に並べ替えるのではなく、**決まった形の並べ替えルールを一気に設定できる**ため、決まったパターンのソート順があり、常にその形の表で推移を比較したい、というような場合にはこちらが便利です。

並べ替えには「同じ要素のデータを見やすくまとめる」効果もある

さて、並べ替え機能は［昇順］［降順］などの言葉もあり、「値の比較」用途に使うというイメージが強いのですが、実はそれと同じくらい重要なのが「同じ要素のデータを見やすくまとめる」用途です。図13は「担当」列でデータをソートしたところです。

●図13 「同じ要素のデータ」をまとめて表示したいときにも使える

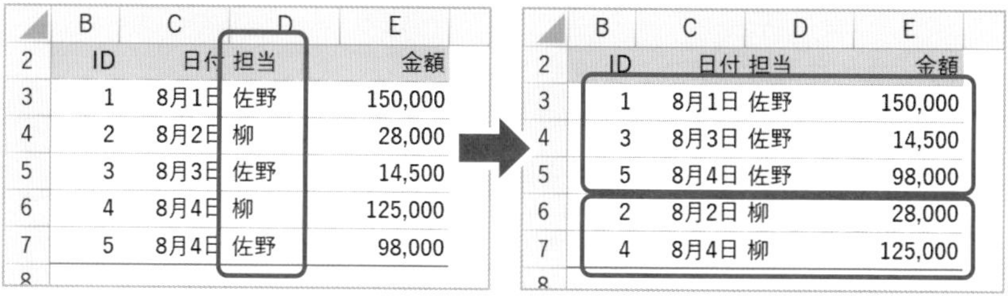

	B	C	D	E
2	ID	日付	担当	金額
3	1	8月1日	佐野	150,000
4	2	8月2日	柳	28,000
5	3	8月3日	佐野	14,500
6	4	8月4日	柳	125,000
7	5	8月4日	佐野	98,000
8				

	B	C	D	E
2	ID	日付	担当	金額
3	1	8月1日	佐野	150,000
4	3	8月3日	佐野	14,500
5	5	8月4日	佐野	98,000
6	2	8月2日	柳	28,000
7	4	8月4日	柳	125,000
8				

「担当」ごとのデータが連続した状態に並び、把握しやすくなりましたね。担当ごとのデータのコピー・集計などもしやすくなります。このように「**まとめる」用途にも活用できるのが並べ替え機能です**。

フィルター機能で抽出した際にも、同じ列で並べ替えを行うと抽出結果を見やすく整えることができます。「値の比較」「値をもとにまとめる」のふたつの用途に利用できる点を押さえておきましょう。

「見出し」と「ふりがな」に注意

　並べ替えはカジュアルに実行できる機能ですが、ポンポンとボタンをクリックしてソートした結果「なぜ?」と困惑する結果になることもあります。その要因となる要素は大きくふたつあります。

　ひとつは、図14のように見出しまでデータと判断されてソートされてしまう状態です。

●図14　見出しまで並べ替えの対象にされてしまった状態

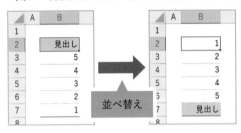

　この原因は、[並べ替え]ダイアログで並べ替えを行った際に、右上の[先頭行をデータの見出しとして使用する]のチェックを外して並べ替えたことに起因することが多いです。

●図15　[並べ替え]ダイアログの設定に注意

　[並べ替え]ダイアログの設定は、一度行うと以降の並べ替え設定に引き継がれます。[昇順]／[降順]ボタンを使ったソートにも引き継がれるため、「同じボタンをクリックしているのに、いつもと違う動きをしている」

という事態を引き起こすことがあるのです。注意しましょう。

　もうひとつの要素は、「ふりがなが異なるためにソート順が意図どおりにならない」状態です。

　図16は同じ「増田」というデータをソートしているはずなのに、バラバラに並び替えられてしまっています。

●図16　ふりがなが実は異なるため、同じ値が並ばないことがある

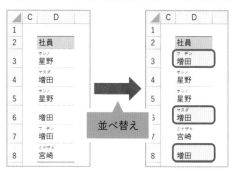

同じ漢字だが、実はふりがなが異なっているので、並べ替えてもバラバラ

　この原因は、既定の設定が「ふりがなを基準にソート」になっているためです。ふりがな依存のソートを行いたくない場合は、一度、[並べ替え]ダイアログの[オプション]ボタンをクリックして表示されるダイアログから[ふりがなを使わない]を選択して並び替えを行いましょう。

●図17　ふりがなを使わない設定にして並べ替える

　すると、以降のソートではセルの値を基準にソートされます。「どうも意図どおりに並べ替えられない」という場合には、このふたつの設定をチェックしてみましょう。

作業列を用意するというテクニック

さて、どんなデータの並べ替えを行う際にも、用意しておくと安心なしくみがあります。それは「いつもの並び順に戻せる列」です。

図18では既存の表に「ID」列を追加し、1から始まる連番を振ったところです。

●図18 「もとの並び順」に戻せるように、連番の列を作っておく

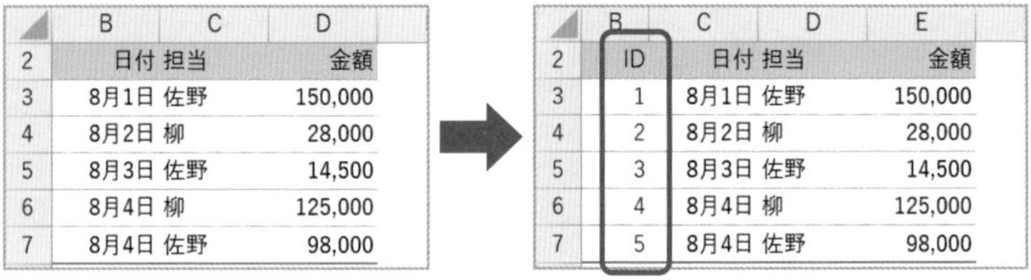

	B	C	D
2	日付	担当	金額
3	8月1日	佐野	150,000
4	8月2日	柳	28,000
5	8月3日	佐野	14,500
6	8月4日	柳	125,000
7	8月4日	佐野	98,000

	B	C	D	E
2	ID	日付	担当	金額
3	1	8月1日	佐野	150,000
4	2	8月2日	柳	28,000
5	3	8月3日	佐野	14,500
6	4	8月4日	柳	125,000
7	5	8月4日	佐野	98,000

これでもとの表を任意の列で並べ替えたとしても、「ID」列でソートしなおせばもとの状態に戻せます。

自分で作成したデータではなく、**他の方が作成したデータを利用する場合、その並び順というのは、なんらかの意図・なんらかのルールがある可能性があります。**「動かすとまずい」かもしれません。そこで、**まずは「もとに戻せる」列を作成しておく**わけですね。

また、自分で表を作成する場合には、あらかじめ「いつもの並び順」用の列を用意しておくのがよいでしょう。「社員ID」「商品番号」のような、他のレコードと区別のできる、いわゆる「キーとなる値」の列でもいいですし、それらキーとなる列の値ではいつもの順序に並ばないという場合には、別途、並び順用の列を用意します。

とくに、定期的に見る表の場合は、「いつもの並び順」であることが見やすさに直結します。あらかじめ「いつもの並び順」に一発で並べ替えられるような列を用意しておけば、作業が簡単になります。

なお、この並び順用の列は、「商品番号」列「枝番」列など、複数列を使って「いつもの並び順」を保つルールでもOKです。

その他、既存の列だけでは思ったような順番に並べ替えられない場合は、

「並べ替え専用の作業列」を追加して作業を行いましょう。きっちりとテーブル形式で整理されているデータをいじるのは、なんとなく抵抗がある方も多いかもしれませんが、列単位で追加するのであれば、作業後にその列を削除すればもとどおりです。どんどん使っていきましょう。

色を着けておいて並べ替えてチェック

[並べ替え] ダイアログの [並べ替えのキー] から「セルの色」を選択すると、背景色が設定されたセルを並べることができます。このしくみを利用すると、データをざっと見ながらあとでチェックしたいものにとりあえず色を着けておき、あとで並べ替えてじっくりチェックする、などのスタイルでの作業が簡単になります。

●図19 色を基準にして並べ替えもできる

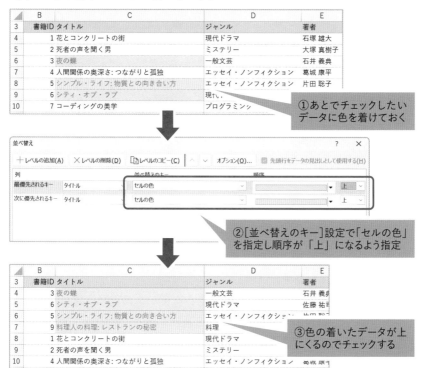

「フィルター」のコツと注意点

フィルターのオプションをうまく使おう

フィルター機能の抽出条件では、単に入力されている値のいずれかを選択するだけでなく、もっと細かな方法での設定も可能です。

［▼］ボタンをクリックして表示されるメニュー内には、その列のデータのデータ型に応じたオプション設定が指定できる個所が用意されています。

●図20　フィルターには、データの種類ごとにオプションがある

	B	C		F	G	H	I	J	K
3	書籍ID	タイトル	出版社		価格	発行年	ページ数	読者評価	
10	23	データサイエンスの探求	↓ 昇順(S)			2011	160	49	
11	8	青い夜の謎	↓ 降順(O)			2024	167	29	
12	9	料理人の料理: レストランの秘密	色で並べ替え(T)	>		1998	314	12	
13	10	ローマの栄光と崩壊	シートビュー(V)	>		2011	237	4	
14	11	記憶の欠片				2008	167	28	
15	12	空色の旅路	▽ "価格" からフィルターをクリア(C)			2012	190	38	
16	13	死霊の呼び声	色フィルター(I)	>		2001	264	31	
17	14	知識の瞬間: 日常の小さな発見	数値フィルター(F)	>	指定の値に等しい(E)...			45	
18	15	エルフの遺産			指定の値に等しくない(N)...			24	
19	16	魔法の花束	検索		指定の値より大きい(G)...			35	
20	17	スクリーンの向こうの真実	☑ (すべて選択)		指定の値以上(O)...			27	
21	18	墓場の誓い	☑ 690					23	
22	19	城市のシンフォニー	☑ 730		指定の値より小さい(L)...			11	
23	20	無明の時代: 中世の冒険譚	☑ 740		指定の値以下(Q)...			7	
24	21	言葉の力	☑ 780		指定の範囲内(W)...			38	
25	22	眠れぬ夜の遺言状	☑ 830					28	
26	24	グローバルデータエコノミー	☑ 880		トップテン(T)...			13	
27	25	デジタルの瘉人	☑ 900					1	

このオプション設定は、その列に入力されているデータの種類に応じて「テキストフィルター」「数値フィルター」「日付フィルター」といったメニュー名になっています。

各メニューを選択すると、図21のようなデータの種類に応じたサブメニューが表示されます。サブメニューを選択すると、そのサブメニューの抽出条件を設定するのに必要な情報を入力するダイアログが表示されるので入力していきましょう。

●**図21 データの種類に応じたオプション設定の内容**

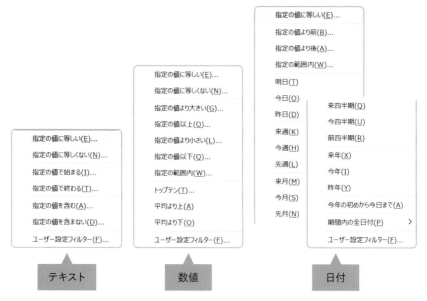

●**図22 ダイアログでオプションの抽出条件を設定する例**

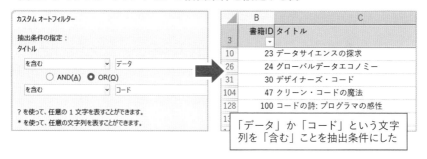

「特定の文字列を含むデータ」「特定の値以上のデータ」「特定範囲の値の
データ」など、さまざまな抽出条件が設定できます。

　また、日付に関してはさらに豊富で「特定月のデータ」「特定年のデータ」
「今週のデータ」「先月のデータ」など、さまざまな切り口で抽出条件を作
成できます。このため、スポット的に特定月や特定期間のデータを計算し
たい場面では、関数式を考えるよりもフィルターで抽出した結果を計算す
る方がはやい場合まであります。活用していきましょう。

スライサーでお手軽に抽出結果を切り替えよう

テーブル機能を利用している場合、データの抽出にスライサーのしくみが利用できます。スライサーとは図23のように、任意のテーブルの列と関連付けられた値のリストが表示されるパネルです。このスライサー上で値を選択すると、テーブル側でその値のデータのみが抽出されます。

●図23　テーブル機能では、スライサーを使った抽出操作ができる

	A	B	C	D	E	F	G
2		ID	日付	担当	取引先		金額
3		3	6月3日	喜名	取引先A		7,800
5		8	6月5日	喜名	取引先C		6,160
6		14	6月10日	喜名	取引先B		17,630
7		19	6月12日	喜名	取引先B		15,600
10		1	6月1日	堀之内	取引先A		11,610
12		4	6月3日	堀之内	取引先C		5,760
15		5	6月4日	堀之内	取引先B		5,610
16		10	6月7日	堀之内	取引先B		3,960
19		13	6月9日	堀之内	取引先A		4,800
21		17	6月11日	堀之内	取引先A		6,300
22		20	6月15日	堀之内			

担当：喜名／金城／比嘉／堀之内　取引先：取引先A／取引先B／取引先C

①スライサーでデータを選択

②選択したデータが抽出される

とても直感的に抽出作業が行えるため、特定条件のデータを絞り込みながら確認・比較する際に便利なしくみです。

業務の内容によっては、この機能を使うためだけにセル範囲をテーブル範囲に変換しても十分お釣りがきます。

スライサーを表示するには、テーブル範囲を選択し、［テーブルデザイン］-［スライサーの挿入］ボタンをクリックします。

●図24　スライサーを追加する

フィルターをかけたい列を選択する

数式　データ　校閲　表示　開発　ヘルプ　テーブルデザイン

スライサーの挿入　エクスポート　更新

プロパティ　ブラウザーで開く　リンク解除

見出し行　集計行　縞模様(行)

スライサーの挿入　？　×
□ ID
□ 日付
☑ 担当
☑ 取引先
□ 金額
OK　キャンセル

図24のようなダイアログが表示されるので、フィルターをかけたい列にチェックを入れて［OK］ボタンをクリックするとスライサーが作成されます。

　作成されたスライサーは図形と同じようにドラッグして位置や大きさ、そしてデザイン（スタイル）を変更できます。

●図25　スライサーの操作はこれだけ覚える

　スライサーには、指定した列の値のリストが自動的に一覧表示されます。ボタンをクリックすれば対応する値を抽出条件として抽出されます。

　また、複数の値を抽出条件としたい場合には、スライサー上部の［複数選択］ボタンをオンにします。

　抽出条件をクリアしたい場合には、スライサー右上の［フィルターの解除］ボタンをクリックしましょう。

　スライサーの便利な点は操作の手軽さと、「フィルターをかけてもスライサーの表示には影響を与えない」点です。フィルター機能は「抽出条件を満たさないレコードは、列の非表示によって見えなくする」しくみであるため、テーブル範囲と同じ列になんらかのデータを入力していると、「巻き添え」で非表示になります。

　その点**スライサーは、列の表示／非表示の状態に関わらず、常に表示されたままです。抽出作業に集中できますね。**

　作成・配置したスライサーを削除したい場合には、図形と同じようにマウスでクリックし、周囲にハンドルが表示される選択状態になった時点で Delete キーで削除できます。

フィルターと相性抜群! 知っておきたいAGGREGATE関数

　フィルターを利用する際に知っていると便利な関数がAGGREGATE関数です。AGGREGATE関数は、フィルターで抽出されているデータのみを集計対象として扱うことができます。

●AGGREGATE関数の構文

=AGGREGATE (集計方法 , オプション , 配列)

集計方法	集計の種類を19種類から指定
オプション	集計ルールを8種類から指定
配列	集計対象のセル範囲

●引数「集計方法」に指定する値と対応する計算方法

1	平均（AVERAGE）	11	標本分散（VAR.P）
2	数値の個数（COUNT）	12	中央値（MEDIAN）
3	入力セル数（COUNTA）	13	最頻値（MOE.SNGL）
4	最大値（MAX）	14	上位の順位値（LARGE）
5	最小値（MIIN）	15	下位の順位値（SMALL）
6	積（PRODUCT）	16	百分位数（PERCENTILE.INC）
7	不変標準偏差（STDEV.S）	17	四分位数（QUARTILE.INC）
8	標本標準偏差（STDEV.P）	18	百分位数（PERCENTILE.EXC）
9	合計（SUM）	19	四分位数（QUARTILE.EXC）
10	不変分散（VAR.S）		

●引数「オプション」に指定する値と集計ルール（抜粋）

5	非表示行を無視
6	エラー値を無視
7	非表示行とエラー値を無視

図 26 では、AGGREGATE 関数を使って、それぞれ「金額」列の「合計」と「平均」を求める数式が作成されています。

数式側はまったく変更していないのに、フィルター側で抽出するデータを変更すると、それに応じて計算結果が変わっていますね。

●図26 AGGREGATE関数で、抽出されたデータのみを集計できる

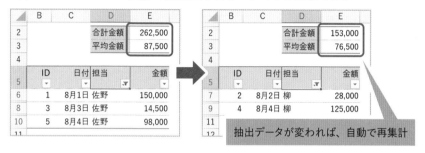

具体的な関数式は以下のようになっています。

合計の場合：=AGGREGATE(9,7,E6:E10)
平均の場合：=AGGREGATE(1,7,E6:E10)

計算方法やオプション設定がややこしくて難しそうに見えるのですが、実際に関数式を入力する際には図 27 のようにヒント表示されますので、ヒントを見ながら選択していけば OK です。

●図27 ヒントを見ながら関数式を作成していけばOK

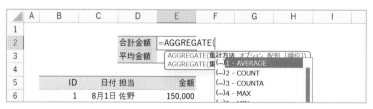

抽出条件を切り替えながら、それぞれの条件のときのデータを集計したい場合に覚えておくと、手軽で便利なしくみですね。

「検索」のコツと
注意点

検索の詳細オプションをうまく利用しよう

[Ctrl] ＋ [F] キーで表示される［検索と置換］ダイアログは［オプション］
ボタンをクリックすると、図28のように詳細なオプション設定ができる
ようになります。

●図28　オプション設定を使えば、詳細な検索ができるようになる

　［検索と置換］ダイアログで行った各種の設定は、次回の検索にも引き継
がれます。「**同じ操作をしているはずなのに、どうもいつもと検索の動き
が違う**」という場合には、いったんオプション設定を見直してみましょう。

　詳細設定のうち、大きく使い勝手が変わるのは［検索場所］オプション
です。「ブック」「シート」の2種類から選択できます。「シート」を指定
した場合、検索対象はアクティブなシートのみになります。

　特筆すべきは［検索場所］オプションに「ブック」を指定した際の機能
です。フィルター機能など多くの機能では、ブック全体をまたにかけた値
の検索や抽出はできません。検索機能のみが、カジュアルに検索できます。
「確かこのブックにこんなデータを記録してあったと思ったけど……」と
いう場合には、ブックを開き、**ブック全体をキーワードで検索してみると、
データの有無や場所がすばやく判断できます**。

検索セル範囲を限定するには

ブック全体を検索するのとは逆に、検索対象のセル範囲を限定したい場合には、まず、セル範囲を選択してから Ctrl + F キーを押して検索すれば、そのセル範囲のみが検索対象となります。

テーブル範囲の特定列のデータや特定範囲のレコードから検索を行いたい場合には、シートの行見出しや列見出しを利用して、行全体／列全体を選択してから検索すれば、そのセル範囲のみを検索できます。

［すべて選択］ボタンを使った一括処理

検索を［すべて検索］ボタンで行った際に表示されるリストは、Ctrl キーを押しながらクリックすれば複数セルを同時選択できます。

すべてのリストのセルを一括選択したければ、リスト内で Ctrl + A キーを押せば OK です。このしくみを利用すると、特定の印をつけておいたセルに対して、あとから一括で書式を設定する、などの操作が簡単に行えます。

図 29 では、「#」という文字の入力されているセルを［すべて検索］し、表示された一覧リスト経由でまとめて選択し、書式を設定しています。

●図29　［すべて検索］を使ってセルをまとめて選択、一括で操作

表を作成する作業に利用できるほか、「とりあえず一括で色を着けておいて、あとで色の着いたセルを目視してくわしく確認する」などの作業時にも使えますね。

数式も検索できることを利用したテクニック

　検索機能の［検索対象］オプションを「数式」に設定すると、セルに表示されている値だけでなく、数式の内容まで検索対象に含められます。このしくみを利用すると、特定範囲のセル内に他のシートや外部ブックへの参照があるかどうかをチェックできます。

　図30では、「!（エクスクラメーションマーク）」を、「数式」を対象に検索しています。

●図30　数式を検索すれば、外部の参照があるかどうかチェックできる

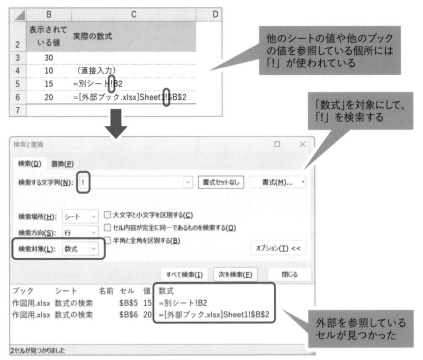

　他のシートへのセル参照は「シート名！セル番地」の形式で作成されます。そこで「数式に『！』を含むセル」を検索すれば、「他のシートやブックを参照している可能性が高いセル」をリストアップできるわけです。

また、検索文字列を「.xl」として検索すれば、外部ブックを参照している可能性のあるセルを一括でリストアップできます。意図せずに外部ブックのセルを参照してしまっていないか、参照してしまっている場合、どのセルの数式なのかは、こちらの方法で確認してみましょう。

　検索機能はさまざまな設定で検索ができる、本当に便利な機能です。ですが、繰り返しになりますが、「検索設定は保存される」点には重ねて注意しましょう。とくに［検索対象］オプションの設定は「値」か「数式」かで意図したように検索できない場合がそこそこ発生します。

　図31は「りんご」を検索し、画面には「りんご」が見えていますが、検索にはヒットしません。

●図31　値は見えているが、数式を検索しているためヒットしない例

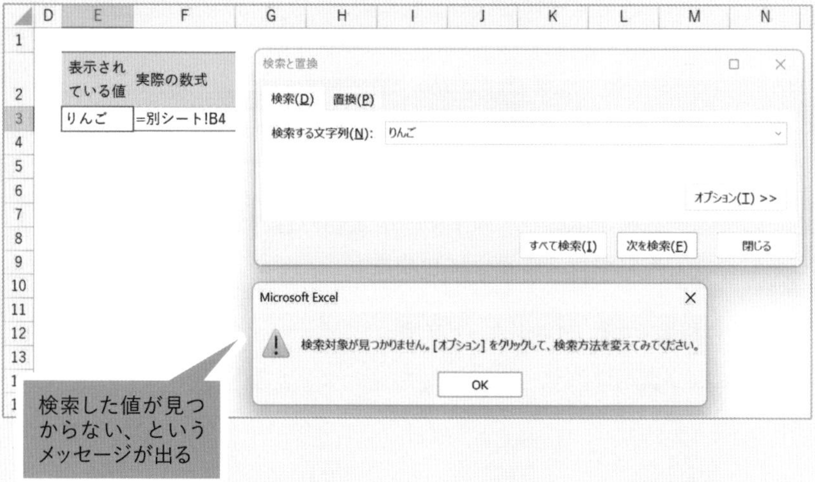

検索した値が見つからない、というメッセージが出る

　実は、「りんご」は数式で他のシートから値を参照して表示しており、オプション設定が「数式」だったため、ヒットしなかったのです。表引きのしくみを使っているシートで、起きがちな状態ですね。

　とくに、出先の端末でブックの調査・確認を行うときなど、異なる環境で作業を行う場合には要注意です。検索機能を利用する際には、最初の1回は必ずオプションをひととおり確認するクセを付けておくのがお勧めです。

あいまい検索というテクニック

［検索と置換］ダイアログ内の［セル内容が完全に同一であるものを検索する］チェックボックスのチェックが外れている場合、「検索文字列を含むセル」が検索されます。逆にチェックが入れられている場合、検索文字列と完全に一致するセルのみを検索対象にできます。

●図32　完全に一致するセルだけを検索することもできる

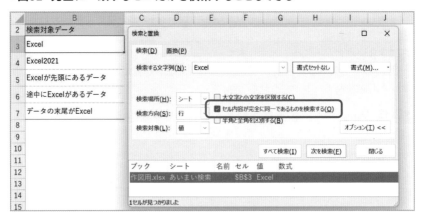

　この完全一致検索は、ワイルドカードと組み合わせることで、あいまいな検索条件で検索が行えるようになります。

●検索時に利用できるワイルドカード文字

？（クエスチョンマーク）	任意の1文字
＊（アスタリスク）	任意の文字列

　利用できるワイルドカードは「?」と「*」の2種類です。「?」は「任意の1文字」、「*」は「任意の文字列」を表します。
「特定の単語から始まるセル」「末尾が特定の単語のセル」「指定文字数のセル」など、さまざまな形式での検索が可能となります。チェックボックスを外した際の「検索文字列を含むセル」という検索条件よりも、少しだ

け条件を限定した、いわゆるあいまい検索が可能となります。

●ワイルドカードを使った検索文字列の例

Excel*	「Excel」で始まるセル
Excel????	「Excel」で始まりその後ろが4文字のセル
*Excel	「Excel」で終わるセル
Excel	「Excel」を含むセル
*	何か値が入力されているセル
???	値が3文字のセル

「?」を使った指定は、数値・文字・全角・半角問わずに「1文字」とみなして検索を行います。検索文字列「????」は「1234」「エクセル」「ｴｸｾﾙ」「Word」のいずれにもヒットするわけですね。

「*」を使った指定も数値・文字・全角・半角問わずに「任意の文字列」とみなします。そのため検索文字列「*」は、数値・文字・全角・半角問わずに、何かセルに入力されていたらそのいずれにもヒットします。

ワイルドカードを利用するときに間違えやすいのが、[セル内容が完全に同一であるものを検索する] チェックボックスの設定です。名前を見ると、チェックしてしまうとあいまい検索が行えるようには思えないのですが、「チェックして併用」です。注意しましょう。もしチェックを忘れた場合には、意図したような検索条件にはなりません。

【Memo】「見かけ上空白のセル」を除いて検索できる

完全一致検索設定時に、[検索対象] を「値」、検索文字列に「*」を指定して [すべて検索] を行うと、「見かけ上、何か入力されているセル」全体を一括検索できます。このとき、IF 関数などを利用して「""」（見かけ上空白のセル）が表示されているセルは対象に含まれません。

一方、[検索対象] を「数式」に変更して [すべて検索] した場合には、「見かけ上、何か入力されているセル」に加え「何か数式が入力されているセル」まで対象に含まれます。

「条件付き書式」のコツと注意点

SECTION 8-5

条件付き書式の編集を活用しよう

一度作成した条件付き書式の編集は、［条件付き書式］ - ［ルールの管理］から表示される ［条件付き書式ルールの管理］ダイアログから条件付き書式を選択し、［編集］ボタンをクリックすることで行えます。

●図33 条件付き書式を編集する

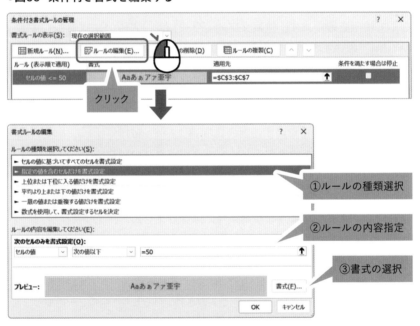

［書式ルールの編集］ダイアログは、ルールの種類を設定するエリア、内容を設定するエリア、そして書式を設定するエリアの3つの部分に分かれています。ルールの種類から順番に確認／編集を行いましょう。

条件式作成のコツ

　条件付き書式は、同じセル範囲に複数のルールを設定できます。複数のルールを設定した場合は、[条件付き書式ルールの管理]ダイアログで優先順位を設定できます。

●図34　条件付き書式が複数あるときは、優先順位を設定しよう

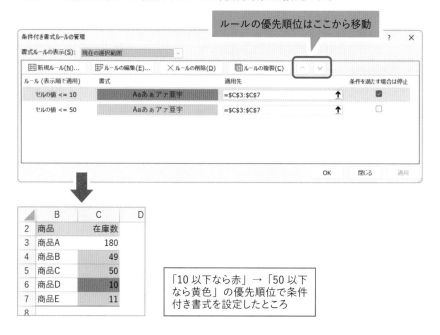

「10以下なら赤」→「50以下なら黄色」の優先順位で条件付き書式を設定したところ

　ダイアログ表示で上側にあるルールほど優先順位が高くなります。

　条件付き書式を作成するコツは、まず、「このルールが適用されはじめる値」、そして「適用ギリギリのはざまの値」を用意し、そのセル範囲に対してルールを作成してみることです。

　例えば「10以下なら赤く塗る」という場合には最低でも「10」「11」のふたつの値を用意してルールを作成します。「10」が赤くなり、「11」はそのままであれば成功です。ダイアログの[適用先]欄を使って、本番用のセル範囲を参照するよう変更すれば完成です。

関数を使った条件式を作ってみよう

　条件付き書式のルールは、自作も可能です。ルールの種類から、［数式を使用して、書式設定するセルを決定］を選択すると、ルールの設定としてカスタムの数式が入力できるようになります。

　ルールとして TRUE か FALSE かの戻り値を返す数式を入力すると、数式の結果が TRUE になるセルのみに指定した書式が適用されます。

●図35　関数を活用して、柔軟に独自のルールを作成できる

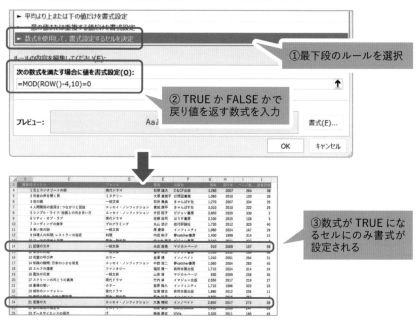

　図35では、4行目から始まるセル範囲に対し、「=MOD(ROW()-4,10)=0」という数式を設定し、「4 行目起点で、10 行ごとに書式を設定」というルールを作成しています。結果を見てみると、10 レコード単位で色が着き、データが把握しやすくなりましたね。

　少々難しい設定ですが、かなり柔軟にルールが作成できます。興味のある方は Web や書籍などで調べてみましょう。

9章

グラフの
見せ方と
作り方

データの傾向を読み取るにはグラフが便利です。

また、「読み取ってもらいたい」場合にもグラフは大変効果的です。

そんなグラフをExcelで作成する際の考え方と機能、

そしてコツを見ていきましょう。

データの傾向を分かりやすくするにはグラフを使う

グラフは伝えたいことを伝える味方

Excelではデータをもとにした表だけではなくグラフも作成できます。グラフを作成するメリットは、**表に比べて、そのデータを通じて伝えたいことをひと目で伝えやすい**点です。

図1は商品ごとの6カ月間の販売数をまとめた表とグラフです。詳細な数値は表の方が伝わりますが、全体の傾向や推移はグラフの方が分かりやすいですよね。

●図1　表を見てもらうよりも、伝えたいことがひと目で分かりやすい

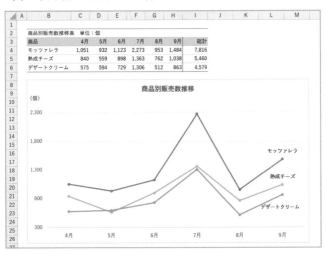

また、グラフは作成するグラフの種類によって、そのデータからどんなことを伝えたいのかという意図を自然に伝えられます。

図2は図1と同じ表内のデータを使って、円グラフを作成したところ

です。**円グラフを見れば直感的に「割合はこうなっているのか」という方向に思考が誘導されます**よね。

●図2　何を伝えたいのかという意図を、見せ方でコントロールできる

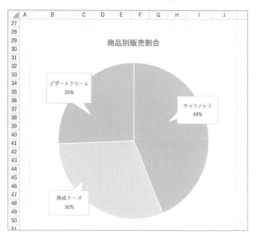

　つまり、伝えたい意図に合わせたグラフを見せることで「このデータの割合に注目してください」と言うまでもなく、割合について伝えられるのです。

　まず、グラフで意図と視点を伝え、興味を持ってもらい、それから詳細なデータを確認したり、説明するには表の方を見てもらうわけですね。

　ときには、グラフによって「伝えたい」相手は取引先や顧客や同じ社内のメンバーだけにとどまりません。**グラフを作成する自分自身に対しても、「このデータにはこんな傾向がある」と伝え、理解する助けとして活用できます。**

　表の数値だけでは気づけなかった視点も、グラフにして眺めてみると「なぜこの形なんだろう」「ここだけ値が突出しているのはぜだろう」「ふたつのグラフの形が似通っている要因はなんだろう」と、視覚的な形状からさまざな情報を読み取り、データを分析する糸口をつかめます。

　Excelは手軽にグラフが作成できるアプリです。伝えるため、そして読み取るために、どんどん作っていきましょう。

グラフの作成方法

　グラフを作成するには、まず、グラフとしたいデータの入力されている
セル範囲を選択し、［挿入］タブ内の［グラフ］欄にある各種グラフに対
応したボタンをクリックします。

●図3　セル範囲を選択して、作りたいグラフのボタンをクリックするだけ

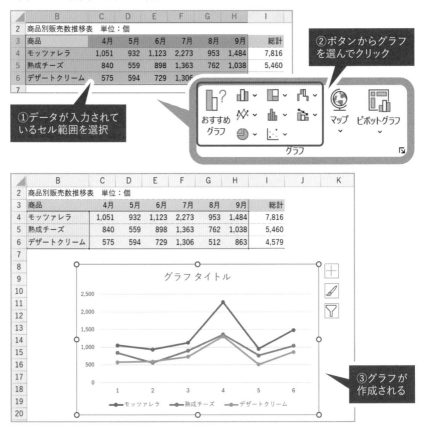

　すると、選択した種類のグラフが作成されます。作成されたグラフの位
置はドラッグ操作で移動でき、大きさはグラフの枠に表示されたハンドル
をドラッグすることで自由に変更できます。

グラフ選択時にはリボンに［グラフのデザイン］タブと［書式］タブが追加されます。グラフ設定の変更や、グラフ内の各パーツの書式設定に関する操作は、このふたつのタブにまとめられています。

●図4　グラフを選択したときに表示されるタブから、設定を変更できる

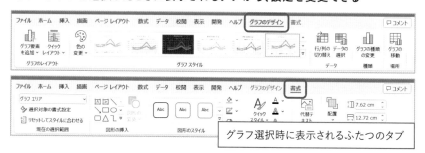

　また、グラフの選択時に右上に表示される3つのボタンをクリックしても、グラフの表示項目の選択や、書式の設定、元データや項目名として参照するセル範囲の設定変更などができます。

●図5　グラフを選択したときに表示されるボタンからも、設定を変更できる

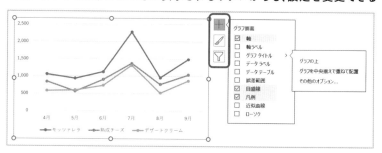

　セル範囲を選択し、グラフの種類を選択するだけでグラフが作成されます。あとは作成されたグラフを見て、手直ししたい部分を手直しして仕上げていきます。最初からすべての設定をガチガチに覚えて選択するのではなく、ある程度は自動で作ってくれるのがありがたいですね。

　なお、作成したいグラフの種類があいまいな場合、［おすすめグラフ］をクリックすると数種類の候補を表示してくれます。そこから選びましょう。

どこをどうすればいい？　グラフの編集方法

　グラフの作成時に、行・列どちらのデータを横軸に持っていくかは、項目数が多い方を横軸にする、というルールで作成されます。これを逆にするには、［グラフのデザイン］–［行／列の切り替え］ボタンをクリックします。

●図6　作成されたグラフの行・列が意図と違う場合は、入れ替える

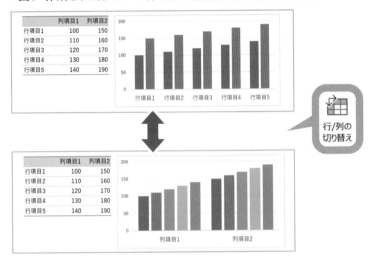

　まずはこちらの操作で意図した形になるように調整しましょう。

　続いて、グラフに表示する要素を指定していきます。［グラフのデザイン］–［グラフ要素を追加］ボタンをクリックすると、図7のようにグラフで扱える要素がアイコン付きのメニューとして表示されます。

　各項目を表示するか表示しないかの設定や、表示する際の細かい設定を、もう一段深いメニュー階層で指定していきます。

　はじめのうちはこちらでアイコンとメニュー名を見ながら、グラフのどの部分をどういう名前で呼んでいるのかを覚える作業も含めて使っていきましょう。慣れてきたら、アイコンは表示されませんが、グラフ右上の［＋］ボタンからも同様の設定が行えます。

●図7 グラフ内の各項目は、表示／非表示を指定できる

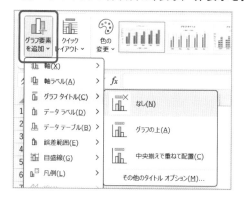

　さらに、グラフ上の個別の要素は、直接マウスで大きさや位置の微調整が可能です。また、要素を選択状態にして［書式］-［選択対象の書式設定］ボタンをクリックすると、図8のように画面右側に書式設定用のパネルが表示されます。

●図8　個別のグラフ要素も、細かく調整できる

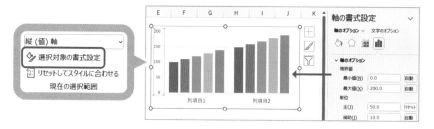

　このパネル上から個別の要素の細かな調整が行えます。また、見出しなどのフォントの種類や文字サイズに関しては、パネル上からではなく、通常のセルの設定と同じように［ホーム］タブから行います。

　このようにExcelでのグラフ作成作業は、①グラフの種類を選択して大まかに作成→②位置や大きさを決める→③行・列の表示を確認・設定→④表示させる要素を取捨選択→⑤個別の要素の書式を設定と、少しずつ組み上げていく作業となります。一気に行おうとすると混乱します。段階を踏んで仕上げていきましょう。

SECTION 9-2

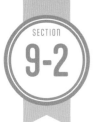

見やすいグラフを作成する3つのポイント

余白を多く、文字は大きく

見やすいグラフを作成する際に意識したいポイントを押さえていきましょう。ひとつ目のポイントは「余白を多く、文字を大きく」する意識です。

●図9　見せたい要素を絞らないと全体的に見にくい

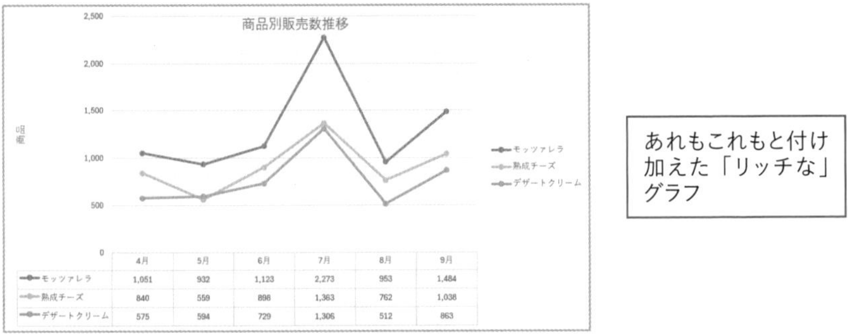

	4月	5月	6月	7月	8月	9月
モッツァレラ	1,051	932	1,123	2,273	953	1,484
熟成チーズ	840	559	898	1,363	762	1,038
デザートクリーム	575	594	729	1,306	512	863

Excelのグラフは凡例テーブルやデータラベルなどを手軽に表示できることもあり、あれもこれもと付け加えて「リッチな」グラフを作成しやすい環境です。ですが、**要素は増えれば増えるだけゴチャつきます**。全体としてグラフが見にくくなってしまうのです。

また、最終的にグラフを利用する場面を考えると、画面や紙いっぱいを大きく表示する機会はそれほど多くないでしょう。**限られたスペースに配置したグラフを、いかに見やすくするのかが大切**になってきます。

そこで注目したいのが「余白」と「文字の大きさ」です。グラフ全体の配置場所とサイズが決まったところで文字を見て「小さいな」「込み入ってるな」と感じたら、修正していきます。

まずは表示する要素を絞り込んでいきましょう。要素が絞り込めれば余

白が生まれ、残った要素の文字サイズを大きくして読み取りやすくできます。「余白を多く、文字を大きく」という基本方針で見やすく整えていきましょう。

文字の大きさの変更方法と書式設定

　文字サイズやフォントを変更するには、変更したい要素を選択して[ホーム]タブから変更します。また、軸に表示される値には軸を選択して[選択対象の書式設定]をクリックして表示されるパネルから、[軸のオプション]を選択し、最下段にある「表示形式」欄に表示形式を選択・指定することで、表示形式を適用できます。

●図10　文字のサイズや表示形式、単位も設定できる

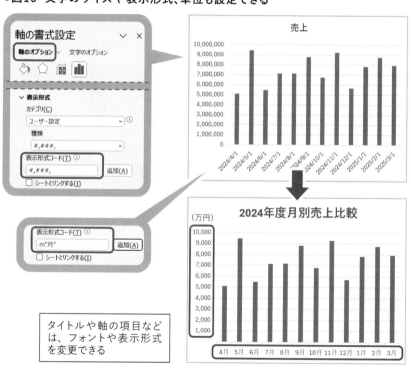

タイトルや軸の項目などは、フォントや表示形式を変更できる

「金額を1000円単位で表示」「日付を月数だけ表示」など、値を簡潔に表示する際に利用していきましょう。

テキストボックスで単位などの情報を追記

ふたつ目のポイントは「テキストボックスで追記」することです。もともとグラフ機能に用意されている要素だけでは足りない情報や、思うような位置に配置できない要素を自前で用意してしまうのです。図11では軸の単位とグラフタイトルを、テキストボックスで作成・配置したところです。

●図11　テキストボックスで、グラフの補足的な情報を追記できる

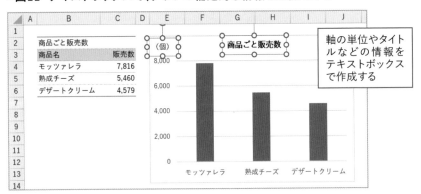

とくに軸の単位の情報は大切です。数値だけ表示されているときよりも正確にグラフを読み取れます。外部に出すグラフであれば、確実に配置するようにしましょう。

グラフタイトルや凡例などの要素は意外にスペースを占有し、位置の調整が難しい面があります。既存の設定で無理に調整するよりも、非表示にしてしまい自前のテキストボックスを用意してしまった方が、自由な位置に意図どおりに配置できます。

テキストボックスは、[挿入] – [図形] を選択し、「基本図形」欄左上などの [テキストボックス] を選択し、配置したい個所をクリックして配置し、テキストを入力していきます。ちなみに、ドラッグして配置すると枠線付きのテキストボックスとなります。枠線は不要な場合は、意識してクリック操作で配置しましょう。

●図12 ［挿入］−［図形］からテキストボックスを配置する

　また、テキストボックスを選択した状態で、数式バーを使ってセルを参照すると、参照セルの値がテキストボックスに表示されます。これでセル側の値をそのまま表示できますね。

●図13　テキストボックスからセルの値を参照することもできる

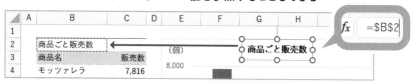

【Memo】不要なテキストボックスの探し方

　うっかり値を入力しないまま放置してしまったテキストボックスの有無や場所を確認したいことがあります。そんな場合には、［ホーム］−［選択と検索］−［オブジェクトの選択と表示］を選択して表示される［選択］ウィンドウが便利です。

●図14　見えなくなってしまった不要な図形を確認できる

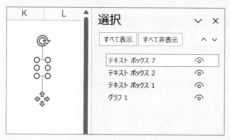

　［選択］ウィンドウ上には、シート上の図形やグラフが一覧表示され、リストを選択すると、対応する図形が選択されます。シート上に不要な図形が残っていないかを確認する用途にも便利ですね。

主役のデータを映えさせるには、色づかいと線種を工夫する

　3つ目のポイントは「主役のデータを映えさせる」ことです。端的に言うと、主となるデータはオレンジや赤などの暖色系の色を選び、従となるデータは寒色系の色を選びます。

　これは、心理的に人は、暖色系を「好ましいもの」と認識する傾向があり、真っ先に注目する可能性が高いためです。従とするデータは、そのあとに見てもらいたいので暖色とは逆に寒色中心に選びます。

●図15　主役のデータには暖色系を選ぶ

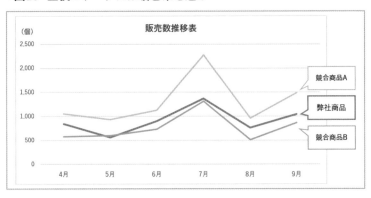

　図15は商品の販売数の推移グラフです。自社商品・競合商品A・競合商品Bの3系列のデータがありますが、まず、自社商品のデータに注目してもらい、それを基準に他のデータとの差異を見てほしいという意図があります。そこで、自社商品の系列のみを暖色とし、他を寒色に変更しているわけですね。

　系列の書式を変更するには、まず、変更したい要素をクリックして選択します。そのうえで［選択対象の書式設定］をクリックして、表示されるパネルからバケツアイコンの［塗りつぶしと線］オプションを選択します。

　表示されているオプションのなかから［色］ボタンをクリックして希望の色を選択すれば完成です。線の種類や太さなどの書式もここで変更可能です。この操作を系列ごとに行っていきます。

●図16 変更したい要素をクリックして、色を設定する

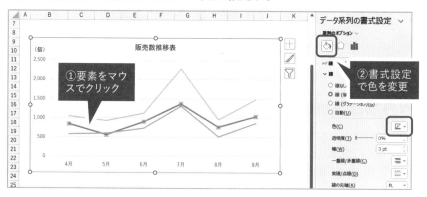

　白黒の2色しか利用できない環境では、色を使って差異を付けること
が難しくなります。その場合には、「**主となるデータのみ実線にして、従
となるデータは点線にする**」など、線種を使ってメリハリをつけることで、
最初に注目してほしい主役のデータを目立たせることができます。

●図17 色が使えない環境では線種でメリハリをつける方法も

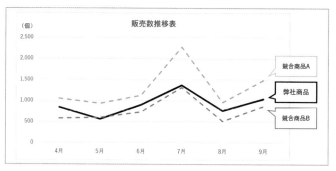

　グラフを利用する一番の目的は、視覚的な情報を通じて、集計したデー
タに関して「どういった要素に注目してほしいのか」「その要素の状態は
どうなっているのか」を伝えることです。細かな部分に関する具体的な数
値はあとでグラフのもととなった表を見てもらいましょう。
「何を伝えたいのか」「そのためにはどうすれば見やすくなるのか」とい
う視点でグラフを作成・編集していきましょう。

注目したい項目によって
グラフの種類を選ぼう

グラフは種類によって得意な項目がある

　Excel に用意されている各種のグラフには、おのおの得意な用途があります。例えば、棒グラフは商品ごとの売り上げを並列表示できるため、値の比較を行いやすいグラフです。

　つまり、**自分の伝えたい意図が明確な場合は、その意図を表すのに適したグラフを選択できれば、より効果的なグラフになる**わけですね。

　グラフの作成時に、［おすすめグラフ］で表示される［グラフの挿入］ダイアログ内の［すべてのグラフ］タブでは、選択セル範囲内のデータを使って各種のグラフを作成した場合の結果をプレビュー表示で確認できます。

●図18　［おすすめグラフ］ボタンからグラフの形式を確認できる

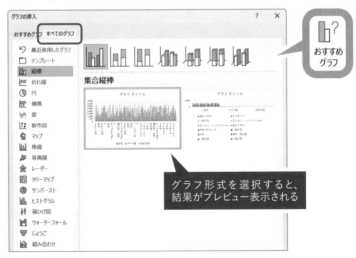

グラフ形式を選択すると、結果がプレビュー表示される

　このプレビュー表示を見比べ、一番伝わりやすいと思った形式を選択し

ていきましょう。また、一般的に言われているグラフの種類と主な用途は以下のようになっています。

●よく使われるグラフの種類と向いている用途

グラフ	主な用途	説明
棒グラフ	比較	商品、部門ごとなど、並列する要素の比較
折れ線グラフ	推移	特定要素の月ごと、年ごとの推移など、値の推移
円グラフ	割合	売上総計に対する商品ごとの内訳など、大きな要素に占める個別の要素の割合
散布図	相関関係	曜日と売り上げの関係性など、ふたつの要素の関係や傾向
積み上げ棒グラフ	内訳	複数要素の比較と、個別の要素の内訳を同時に把握。同じ要素の構成の比較にも便利
バブルチャート	相関関係 構成	身長と体重と人数の関係など、3つの要素の関係性を2軸とバブルの大きさで把握

　その他、業務の内容や業界の慣習などで、「このデータであれば、この形のグラフ」という定番のグラフが定まっている場合もあります。その場合には、定番のグラフを選んでいきましょう。

【Memo】2軸グラフの作り方

　2軸のグラフを作成したい場合は、グラフ作成時に［すべてのグラフ］タブのリスト最下段の「組み合わせ」を選択します。

●図19　2軸グラフの使いどころ

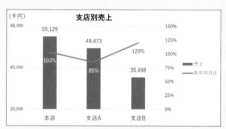

売上の数値と比率のパーセンテージなど、数値の大きさが違いすぎる場合には、2軸グラフが向いている

　系列ごとのスケールが違いすぎてはうまく表示できない場合は、2軸グラフにすることでスッキリと表示できるかを検討してみましょう。

値を見比べるなら棒グラフ

値の違いを明示したいなど、データの比較に便利なのが棒グラフです。図20では5チームの勝ち点の比較を横棒グラフで行っています。**主役となる値があれば、色を着けておくとさらに効果的**です。

●図20 棒グラフは複数の値を比較するときに適している

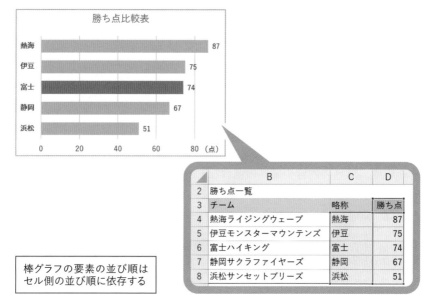

棒グラフの要素の並び順は
セル側の並び順に依存する

縦棒グラフや横棒グラフの要素（バー）の並び順は、元データの並び順に依存します。図20ではセル側もグラフ側も、勝ち点が高い要素が上側に位置しています。

グラフ側の並び順が意図した順番と逆になっている場合、セル側のデータを逆順に並べ替えすればグラフ側にも反映されます。

セル側が並べ替えられない場合は、グラフ側で「軸を反転」し「ラベルの位置を変更する」という2手順で並び順を変更します。このとき、「軸を反転」すると、ラベル位置まで反転してグラフ下端から上端に移動します。この上端に移動したラベルを下端に戻すために、［ラベルの位置］を

逆にします。軸を反転しているため、ちょっとややこしいのですが［上端／右端］を選択するとラベルが「下端」へと移動します。

●図21　グラフだけ並び順を逆にしたい場合の操作

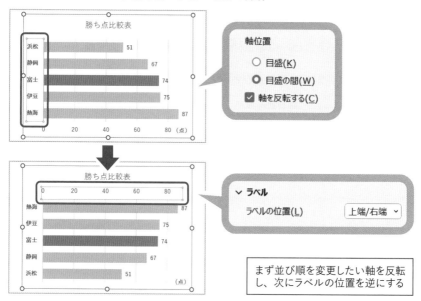

まず並び順を変更したい軸を反転し、次にラベルの位置を逆にする

　また、バーの太さが細すぎるという場合には、任意のバーをクリックして系列全体を選択し、［要素の間隔］の値を小さくするとそれに伴いバーの幅が広がります。

●図22　バーの太さは［要素の間隔］で調整できる

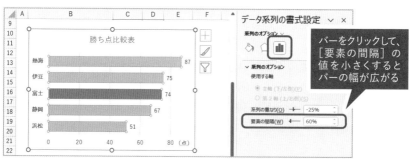

推移を把握したいなら折れ線グラフ

　月ごとの販売数の推移を確認したいなど、データの推移確認に便利なのが折れ線グラフです。

　図23ではふたつの商品の、月ごとの販売数を折れ線グラフにしたものです。個々の商品ごとの値の推移がひと目で把握できますね。

●図23　折れ線グラフは、推移をひと目で把握しやすい

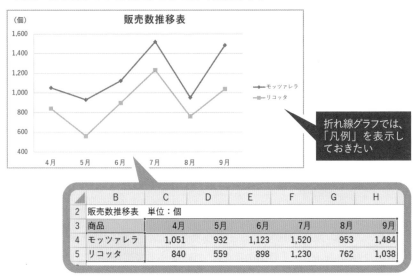

　折れ線グラフを作成する際には、どこかに凡例を表示しておきましょう。位置はどの折れ線がどのデータかを視認しやすい右端がセオリーですが、グラフの傾向的に空いているスペースがあれば、そちらに配置してもよいでしょう。

　折れ線グラフは値の把握というよりも、傾向をつかむためのグラフのため、データラベルはなくても構いません。

　また、データの傾向は折れ線の傾きによって印象が変わります。図24はまったく同じデータを使い、グラフの横幅だけを変えて折れ線グラフを作成したところです。

266

●図24 グラフの幅によって折れ線の傾きが変わり、印象が変わる

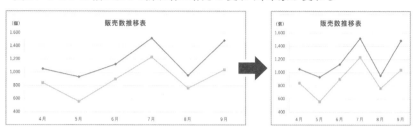

　グラフの幅が広い場合は傾きが緩やかになり、動きの穏やかな印象になります。幅が狭い場合は傾きが急になり、動きの激しい印象になります。同じデータでも印象が変わりますね。

　このしくみを利用して、**伝えたい印象に合わせてグラフの幅を選択するのもよいでしょう**。ただし、あまり極端であると単純に見やすさを損なううえに、不誠実なグラフであると認識され、データの信頼性だけでなく会社の信頼性まで損なうことになります。ほどほどにしましょう。

折れ線グラフは異常値の確認にも利用できる

　折れ線グラフは突出した値を見つけやすいため、異常値の確認にも利用されます。チェックしたい値のセル範囲を折れ線グラフにし、上下に飛び出した値があれば異常値と見なせます。

●図25　チェックしたいセル範囲を、とりあえず折れ線グラフにする

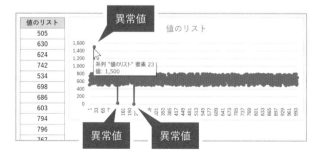

　マーカーにマウスを近づければ、データの値も確認できます。その値で検索すれば異常値のあるセルに移動できますね。

割合を見たいなら円グラフ

商品ごとの販売数の割合を把握したい、など、データ割合を知るのに便利なのが円グラフです。

図26では3つの商品の販売総計データから円グラフを作成しています。選択したデータのそれぞれの値が総計の何パーセントを占めるか、ひと目で把握できますね。

●図26　円グラフは割合を把握するのに適している

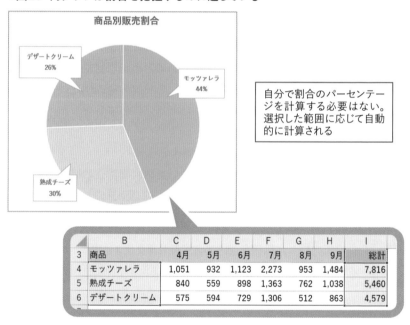

見た目に割合を把握しやすいうえに、セル側で具体的に何パーセントなのかの計算は行う必要がないため、割合を把握したい際に非常に適したグラフになっています。

ただし、グラフの性質上、系列の要素数があまり増えすぎると、分割されすぎてまったく傾向が読み取れないグラフになります。要素数は多くても6〜8くらいに抑えましょう。

また、円グラフはデータラベルを表示すると要素名や値が分かりやすくなります。既定の設定でいったん配置後、図形を扱うようにドラッグして好みの位置や大きさに調整していきましょう。

●図27　データラベルを利用すると、要素と割合をスッキリ表示できる

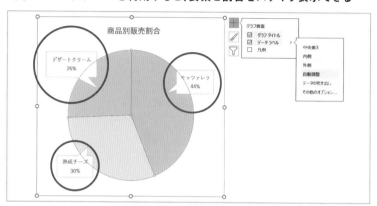

割合の推移を把握したい場合は100%積み上げ棒グラフ

　割合を把握するのに便利なのは円グラフですが、割合の推移を把握したい場合には、複数の円グラフを並べるよりは100%積み上げ棒グラフの方が向いています。使い分けていきましょう。

●図28　100%積み上げ棒グラフでは、割合の推移を把握しやすい

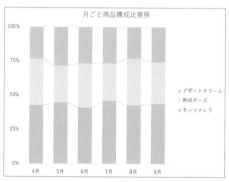

関連性を知りたい場合は散布図&近似曲線

　年齢と活動量の関連性を示したいなど、ある要素と別の要素になんらかの関連性があるかどうか、を確認・提示したい場合に便利なのが散布図です。

　図 29 では、とある架空の寝具店において、睡眠時間と来店回数のふたつの要素について散布図を作成しています。

　横軸に睡眠時間を取り、縦軸に来店回数を取り、レコードごとに縦軸と横軸が交差する位置にマーカーをプロットしています。

●図29　散布図は、ふたつの要素の関係性を読み取りやすい

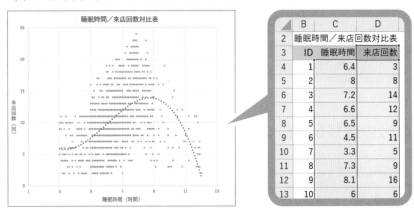

来店回数（縦軸）と睡眠時間（横軸）の関係性が、プロットされた青のマーカーから読み取れる。オレンジの曲線は、全体の傾向を表わしている（近似曲線）

　100 件のレコードであれば、マーカーを 100 個プロットするわけですね。**プロットされたマーカー全体の形を見て、ふたつの値はどんな関係性なのかを読み取っていきます。**

　また、散布図には、各プロットの位置から、全体の傾向を 1 本の曲線で表すしくみである近似曲線が追加できます。この近似曲線もあわせて見ることで、ふたつのデータの関連性や、関連性の仮説を導き出します。

　図 29 の場合には、「睡眠時間が 8 ～ 9 時間くらいの顧客が、最も来店してくれる顧客ではないか」という仮説が立てられますね。

散布図はその形式上、最低でもふたつの要素のデータが必要です。また、縦軸と横軸に要素ごとの軸を取るため、軸ラベルは必ず表示しましょう。

近似曲線の追加と設定

　近似曲線はグラフ右上の［＋］ボタンからいったん「線形」のものを追加し、その後［近似曲線の書式設定］ウィンドウ側で細かな設定を行っていくのがお勧めです。

●図30　まず「線形」の近似曲線を追加し、その後細かな設定を行う

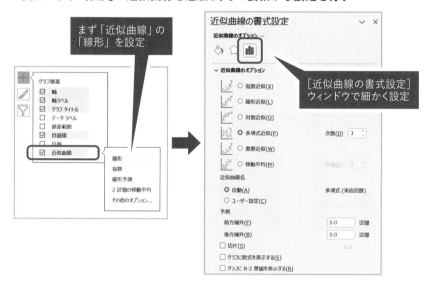

　指数近似や線形近似、多項式近似などの種類や次数を設定できる他、0を通る切片の指定や数式の表示などもここから行えます。

【Memo】3つの要素の関連性を知りたい場合はバブルチャート

　散布図ではふたつの要素の関連性を知りたい際に利用しますが、要素をひとつ増やして3つの要素の関連性を知りたい場合にはバブルチャートが利用できます。縦軸と横軸の交差する位置に、3つ目の要素の大きさに合わせたマーカーをプロットすることで、3つの要素の関係性を把握できるしくみになっています。

どのグラフでも有効な、軸の設定

グラフの軸は、［軸の書式設定］ウィンドウで、軸全体の範囲や補助線の表示間隔を設定できます。

●図31　軸の書式設定によって、グラフの見え方が大きく変わる

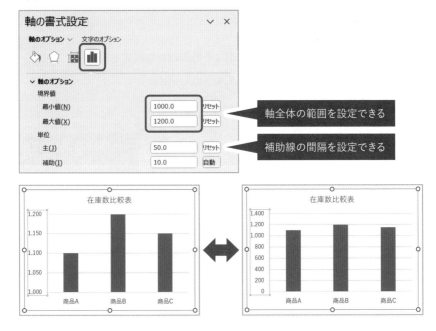

軸の「最小値」と「最大値」指定することで設定できる、**軸全体の範囲の設定は、グラフの見た目だけでなく与える印象に大きく影響を与えます。**

例えば、図31のふたつのグラフはまったく同じグラフを、軸の範囲のみを変更したものです。軸の幅を短く取った左の方が「要素のデータに差があるな」と感じますよね。

伝えたい意図によって、軸の幅の取り方を調整してみましょう。ただし、**あまりに不自然な場合や、同じ資料上で断りもなく異なる幅の取り方をしてしまうと、データの信頼性だけでなく会社の信頼性まで損なうことになります。**こちらも、ほどほどにしましょう。

10章

Excel の
機能をもっと
使い倒す

最後の10章では、Excelの多彩な機能のうち、「ちょっと敷居が高い」
でも、「使ってみるとものすごく便利」な機能をいくつかご紹介します。
いったい、どんなことまでできるようになるのでしょうか。
その概要と使いこなすための入り口のところを見ていきましょう。

データベース作成で頼りになるPower Query

Power Queryで、データの加工・編集が楽になる

［データ］タブ内の［データの取得と変換］欄に用意されている機能は、さまざまな種類のファイルや場所から、Excelのシート上へとデータを取得できる機能が用意されています。各種機能の詳細設定は、Power Queryという専用画面で行います。

●図1 Power Queryはデータ加工・編集の機能が充実している

Power Queryは、データの加工・編集専用画面です。データの加工や連結・結合などの編集を行うための各種機能が用意されています。

各種機能を使って取り込みたいデータを好みの形に整理できたら、画面左上の［閉じて読み込む］ボタンをクリックすると、加工されたデータがExcelに読み込まれます。

用意されている機能のなかには、Excelの機能や関数だけでは**非常に手間のかかるデータの連結や結合・分割・展開・選択などが、あっという間に終わるものも多数用意されています**。今まで苦労していたのは何だった

のだろう、と思うほど簡単なのです。とくに大量のデータを扱う際に「こういう加工をしたいな」と思う機能が充実しています。

Excelブックのデータを加工するのにも利用できる

［データの取得と変換］と聞くと、**Excel ブック以外の形式からデータを取得する際に利用する機能のようにも思えますが、実は Power Query は、Excel ブック内のデータを加工する際にも利用できます。**

●図2　Excelブックのデータ加工にも利用しよう

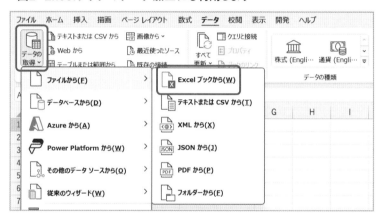

さらに驚くことに、複数のブックのデータをまとめて加工して取り込むことや、特定のフォルダー内の Excel ブックすべてのデータをまとめて加工して取り込むことまで可能です。

まずは Power Query でガバっとまとめて必要なデータを Excel に取り込み、それからピボットテーブルや関数を使って細かな計算や集計を行う、という流れをマスターできると、作業の効率が飛躍的に上がります。

とくに大量データを扱う作業が多い方ほど、Power Query を使うと使わないとでは、作業時間に大きな差が出ることでしょう。

本書では誌面の関係上、詳細な Power Query の操作方法はご紹介できませんが、基本的な操作の例をいくつかご紹介します。使うのはほんの一部の機能ですが、それでも便利さを実感していただけるかと思います。

ブック内の散らばったデータをひとまとめにする

よくある作業である「ブック内の複数シートに散らばっているデータをひとつにまとめる」作業を Power Query で行ってみましょう。

●図3　複数のシートに分けてデータを入力してあるブック

	A	B	C	D	E	F	G	H
1	書籍ID	タイトル	著者	出版社	価格	発行年	ページ数	読者評価
2	23	データサイエンスの探求	藤嶋 康成	ViVis	3,320	2,011	160	49
3	24	グローバルデータエコノミー	芦原 賢治	夢catcher書房	2,820	2,004	223	13
4	25	デジタルの番人	戸田 翔子	インノベイト	3,190	2,012	133	1
5	28	デジタル未来への道標	荒田 健士	イマータイ	1,740	2,011	173	33
6	30	デザイナーズ・コード	坂上 雅彦	MARUWAKA	1,940	1,998	232	11
7	32	AIとの対話: 未知なる知性との出会い	岩崎 健	ライブラ	730	2,005	339	4
8	34	未来の職業: ロボットとの共存	森本 雅人	インノベイト	2,280	2,000	136	26

（タブ：IT　ファンタジー　ホラー　歴史・時代劇　料理　プログラミング …）

［データ］–［データの取得］–［ファイルから］–［Excel ブックから］を選択し、図3のような複数シートに分けてデータを入力してあるブックを選択します。すると、［ナビゲーター］ダイアログに、図4のように、ブックのどこを取り込むかを指定するダイアログが表示されます。

●図4　「ブック全体」を取り込むように指定する手順

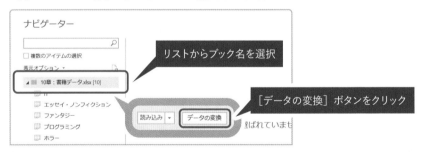

［ナビゲーター］ダイアログでは、ブックのどの部分を取り込むかを選択できます。シート・テーブル・名前付きセル範囲のリストが表示されるので、取り込みたいものを選択しましょう。今回は「全部のシート」をまとめて取り込みたいので、リストの一番上のフォルダーアイコン表示されているブック名を選択して［データの変換］ボタンをクリックします。

すると、図5のようにPower Query画面が表示され、選択ブックの情報がテーブル形式に整理されて表示されます。

●図5　ブック全体がシートやテーブル単位で整理され、読み込まれる

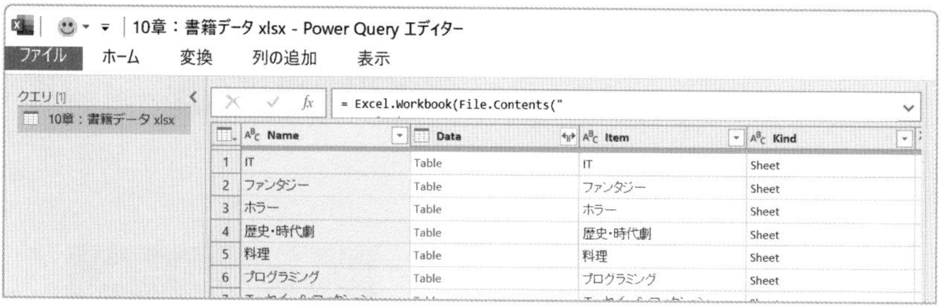

●ブックを読み込んだ際の表の列と意味（抜粋）

Name	シート名やテーブル名
Data	シートやテーブルのデータ
Kind	データの種類。シートは「Sheet」、テーブルは「Table」など

この表からスタートし、1操作ごとにだんだんと加工して最終的に取り込みたい形に編集して行きます。

以下、誌面の都合上、操作をダイジェストでご紹介します。まず、Name列とData列のみを［列の選択］機能で選択します。

●図6　Name列とDate列のみを選択する

続いてData列右端の［展開］ボタンをクリックして、列の内容を展開

します。この時点で、全シートのデータがすべて連結された表が作成されます。

●図7　Data列の内容を展開し、全シートのデータを連結する

[展開] ボタンをクリックしてテーブル形式で保存されているデータを展開

すべてのシートのデータがひとつに連結された

　さらに加工してもよいのですが、左上の［閉じて読み込む］ボタンをクリックすると、その時点での加工状態が、新規シート上にテーブル形式で取り込まれます。

●図8　編集したデータがテーブル形式で読み込まれる

　Excel の機能だけでは面倒な全シートのデータの統合作業が、簡単な操作だけで実現できましたね。
　不要なデータも混在していますが、Excel 上で並べ替えやフィルター機能を使って見つけ出し、削除してしまいましょう。

ブック内のデータをシートに分割する

今度はブック内のデータを分割してみましょう。テーブル内の任意のセルから［データ］-［テーブルまたは範囲から］ボタンをクリックします。すると、図9のようにテーブルの内容がPower Query側に読み込まれます。

●図9 ［テーブル］からブック内のデータを取り込む

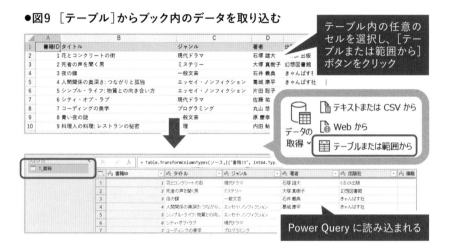

今回は読み込んだデータを「ジャンル」列の値ごとに別々のシートに分割してみましょう。まず、［グループ化］ボタンをクリックします。

●図10 特定の列でグループ化する

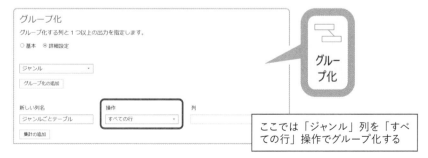

図10のような［グループ化］ダイアログが表示されるので、「ジャンル」列を指定し、［新しい列名］に任意の列名を入力し、［操作］欄を「すべて

の行」に指定して［OK］ボタンをクリックします。

　すると図11のように、ジャンルごとのデータがテーブル形式の形でまとめられます。ここで、個別のシートに分割したいジャンルごとに、個別の「クエリ」として追加します。

●図11　シートに分割したいグループごとに、個別のクエリを追加

　クエリとして追加するには、テーブル形式のデータ位置に表示されている「Table」という値を右クリックして表示されるメニューから、「新しいクエリとして追加」を選択します。

　新規クエリは画面左端の［クエリ］欄に追加されていきます。新規クエリ追加時には、追加したクエリの編集画面に移動します。もとのクエリに戻るには、リストから最初に作業していたクエリを選択しましょう。

　シートに分割したいテーブルを、すべて新規クエリとして登録できたら、左上の［閉じて読み込む］ボタンをクリックします。すると、次ページ図12のように、作成したクエリのデータのひとつひとつが、新規シート上にテーブル形式で追加されます。

　Excel上で作業するよりも簡単に各シートに分割できますね。また、Power Queryで作成したクエリの設定はブックに保存されるため、一度分割用のクエリを作成すれば、分割元のテーブルに新規のレコードを追加後も、［データ］-［すべて更新］ボタンをクリックするなどの操作で更新作業を行うだけで、追加分のデータも含めて各シートへデータを分割できます。

● 図12　クエリ単位でデータをシートに分割して読み込めた

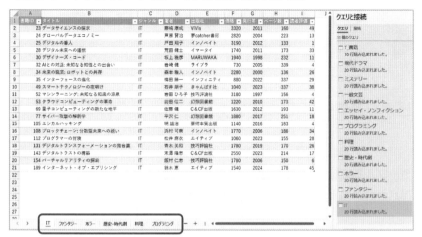

　なお、ブックに保存されているクエリと設定は、［データ］–［クエリと接続］ボタンをクリックすると表示される［クエリと接続］ウィンドウ（図12右端）で確認／編集できます。

　このように、Power Queryはデータの加工を行う際にとても強力なしくみです。少々普段のExcel操作とは勝手が違いますが、多数の便利な機能が用意されています。興味を持った方は、ぜひPower Queryの学習を進めてみてください。超お勧めの機能なのです。

【Memo】クエリは自ブックのデータでも外部データ扱い

　クエリを使ったデータの操作は、自ブックに対する操作も「外部データ接続」とみなされ、ブックを開く際に確認メッセージが表示されたり、ブックの場所を移動するとクエリの再編集が必要になることもあります。

　とくに、取引先に送るなど、他のPCにブックを移動させるような場合には注意が必要です。

　なお、データの更新が不要であり、Power Queryでの編集結果のみがほしい場合には、Power Queryの結果を読み込み後、［クエリと接続］ウィンドウからクエリを削除してしまうのがお勧めです。

　削除したいクエリが複数ある場合は、Ctrl キーを押しながらクエリをまとめて選択し、Delete キーでまとめて削除するのが便利です。

複数要素で分析・集計 したいならピボットテーブル

ピボットテーブルの使い方

データを集計する際に便利なのがピボットテーブル機能です。**ピボットテーブル機能は、テーブル形式で整理されたデータをもとに、さまざまな視点からの集計が可能になるしくみです。**

●図13 ピボットテーブルなら、さまざまな視点で集計を行える

	B	C	D	E	F	G	H
2	販売データ				ピボットテーブルで集計		
3	社員	商品	販売数		社員 ▾	商品 ▾	合計 / 販売数
4	前田	商品A	6,140		⊟屋比久	商品A	5,840
5	前田	商品B	3,500			商品C	5,900
6	前田	商品C	7,290			商品E	4,970
7	清	商品A	4,240		屋比久 集計		16,710
8	清	商品B	5,470		⊟清	商品A	4,240
9	清	商品C	5,080			商品B	5,470
10	清	商品D	4,300			商品C	5,080
11	屋比久	商品A	5,840			商品D	4,300
12	屋比久	商品C	5,900		清 集計		19,090
13	屋比久	商品E	4,970		⊟前田	商品A	6,140
14						商品B	3,500
15						商品C	7,290
16					前田 集計		16,930
17					総計		52,730

左の表をピボットテーブルにして集計した

　図13は販売数のデータを「社員」「商品」のふたつの視点から整理し、社員ごとの商品別の販売数を一覧表にまとめています。この作表作業を関数で行おうとするとなかなか面倒ですが、ピボットテーブルを使えば簡単に作成できます。

　どういった手順でピボットテーブルを作成していくのかを見ていきましょう。まず、テーブル形式でデータを整理しておき、[挿入] - [ピボットテーブル] ボタンをクリックして表示されるダイアログから、もととなるデータのセル範囲と、ピボットテーブルを作成する起点となる位置のセ

ルを指定します。すると、図14下図のように仮のピボットテーブルエリアと、［フィールドリスト］が表示されます。

●図14　ピボットテーブル作成の手順

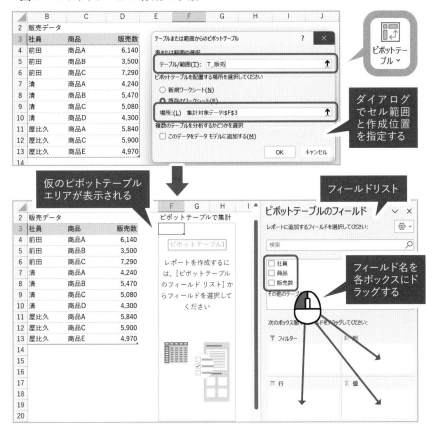

ピボットテーブルの構成や計算方法は、この［フィールドリスト］を使って設定していきます。

【Memo】フィールドリストが表示されない場合

フィールドリストが表示されない場合には、［ピボットテーブル分析］－［表示］－［フィールドリスト］を選択します。

ふたつ以上の要素の組み合わせ結果が分かる「クロス集計」

　ピボットテーブルが最も得意とする集計は、ふたつ以上の視点を組み合わせた集計、いわゆる「クロス集計」です。

　集計するコツは、「集計したい列」と「注目したい視点の列」に分けて考え、まずは集計したい列を、［値］ボックスにドラッグします。図15では「社員」「商品」「販売数」の３つのうち、「販売数」をドラッグしています。

●図15　まず、クロス集計したい列を［値］ボックスにドラッグ

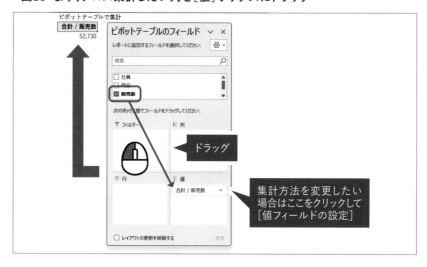

　すると、「販売数」の総合計が表示されます。「社員の人数が知りたい」のであれば「社員」をドラッグし、「商品の種類が知りたい」のであれば「商品」をドラッグします。これで集計する値の列が決まりました。

　既定の集計方法は「合計」ですが、「個数」「平均」など、他の集計方法に変更したい場合はボックス内の項目右端のボタンをクリックして表示されるメニューから［値フィールドの設定］を選択して変更可能です。

　集計したい列が決まったら、今度はその列のデータをどういった視点で集計したいのかを考え、その切り口に対応した列を［行］、もしくは［列］ボックスへとドラッグします。

●図16 注目したい視点に応じた列を［行］／［列］にドラッグ

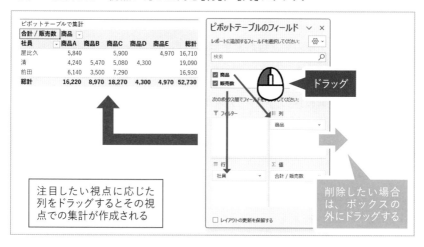

注目したい視点に応じた
列をドラッグするとその視
点での集計が作成される

削除したい場合
は、ボックスの
外にドラッグする

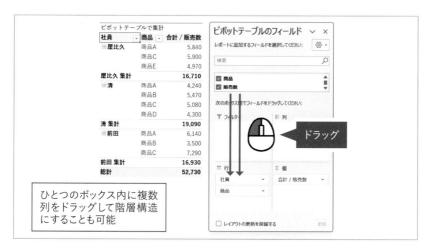

ひとつのボックス内に複数
列をドラッグして階層構造
にすることも可能

　図16は、「商品」と「販売数」を［行］／［列］ボックスにドラッグし
た結果です。ドラッグした位置に沿った形に集計表が作成されていますね。
　クロス集計ではなく、「商品別に販売数を見たい」など、視点がひとつ
だけの場合でも、「商品」のみを［行］／［列］にドラッグすればOKです。
何かに注目して集計したいのであれば、まずはピボットテーブルの利用を
検討してみましょう。

ピボットテーブルの見た目の変更

　ピボットテーブルの見た目の変更は、ピボットテーブル選択時にリボンに表示される［デザイン］タブから行います。

●図17　見た目の変更は[デザイン]タブから行う

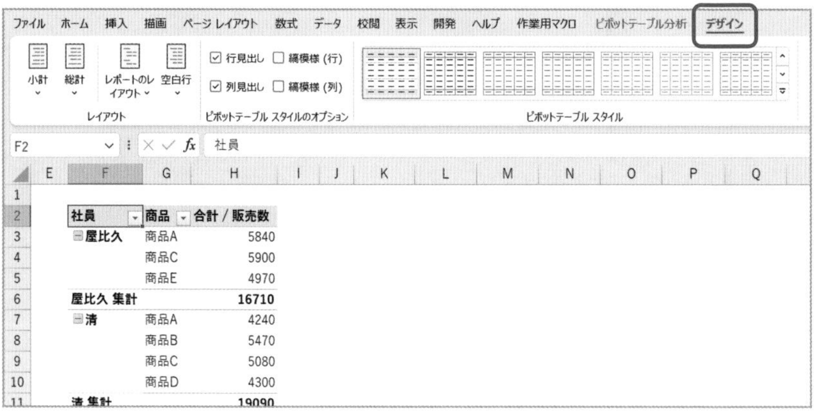

　自動表示される項目ごとの小計や合計などの項目は［小計］や［総計］ボタンから行い、全体的な書式の調整は［ピボットテーブルスタイル］欄から選択します。

　また、［レポートのレイアウト］ボタンからは基本的なレイアウトが選択されます。まずはここを指定するのがよいでしょう。

●図18　基本レイアウトは、[レポートのレイアウト]ボタンから変更

レイアウトの形式は見た目や使い勝手に影響を与えます。ピボットテーブルを作成している際に、「何かいつもの表示と違うような？」と感じたらレイアウトの設定をチェックしてみましょう。

【Memo】ピボットテーブルを利用したシートの作成

　ピボットテーブルの集計データ部分は、ダブルクリックすることで、その値の集計に利用したデータのみを新規シートに配置します。

●図19　特定の結果のみを別シートに一瞬で切り出せる

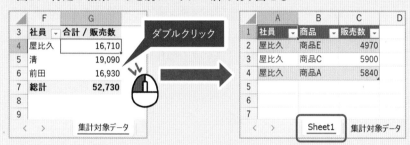

　気になる個所のデータを確認できるようになっているわけですね。
　また、［フィルター］欄を利用している場合、［レポートフィルターページの表示］機能を利用すると、フィルター列の値ごとに、新規シートに集計結果が配分されます。

●図20　レポートフィルターページの表示機能からシートに分割

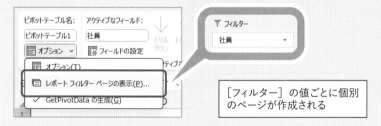

　この機能を利用すると、名前リストをもとにしたシートの一括作成も可能です。例えば、47都道府県名の列を作成し、そのセル範囲をもとにピボットテーブルを作成し、［フィルター］欄に都道府県名の列をドラッグしたうえで、［レポートフィルターページの表示］機能を利用すれば、47都道府県分のシートがまとめて作成できます。

マクロ機能で Excelを自動化

Excelの操作を自動化できる「マクロ」機能

Excel には一連の操作を自動化できる［マクロ］機能が用意されています。マクロ機能を利用すれば、**何回かボタンをクリックする必要のある操作を1ボタンで行えるお手軽なしくみから、丸一日かかるような集計作業を数秒で終えられる本格的なプログラムの作成まで、自分で自由に作成可能**です。

図21 では、伝票形式で作成した表の初期値の入力と数式の再作成をボタンひとつで行えるようにした例です。

●図21　計算用の表範囲をボタンひとつで白紙にする例

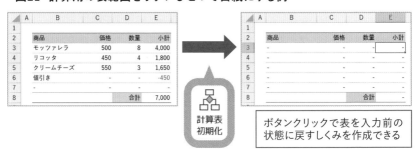

ボタンクリックで表を入力前の状態に戻すしくみを作成できる

普通の操作であれば、値が入力されているセル範囲を選択して初期値を入力し、数式が上書きされている場合は、数式を再作成する必要があるところを、ボタンひとつで済ませられます。お手軽ですね。

しかも、**マクロ機能による操作は、手作業とは異なりあらかじめ決められた内容を正確に実行するため、うっかりミスが起きません。**ボタンひとつですばやく、正確に、いつも行っていた操作を実行できるしくみを作る。それがマクロ機能です。

マクロ機能は実行する命令をどうやって管理しているかというと、VBAというプログラミング言語で実行したい命令を記述し、保存しています。図22は、実際の先ほどの操作を記述したプログラムの内容です。

●図22　マクロの内容はプログラムとして記述・保存されている

```
Sub 計算表初期化()
    'データ入力セル範囲B3:D7に初期値「-」を入力
    Range("B3:D7").Value = "-"

    '小計計算セル範囲E3:E7に数式を入力
    Range("E3:E7").Formula = "=IFERROR(C3*D3, "" - "")"
End Sub
```

実際のプログラム。VBAという言語で実行したい内容を記述していく

このマクロを実行すると、「セル範囲 B3:D7 に『-』と入力する」「セル範囲 E3:E7 に IFERROR 関数を使った数式を入力する」という2操作をまとめて行います。

プログラムを書かなくてはいけないのは敷居が高いと思われる方もいるかと思います。ですが、ご安心を。Excelには、自分が行った操作を自動的にプログラムとして記録する［マクロの記録］機能が用意されています。

●図23　自分が行った操作を、自動でプログラムに記録することも可能

行った操作を、プログラムとして記録してくれる［マクロの記録］機能

プログラムが分からない方でも、まずはマクロの記録機能で自分の行った操作を記録し、作成されたコードを実行すれば一連の操作を再実行できます。

さらに、実行した操作と作成されたプログラムを照らし合わせることで、どのようにプログラムを書けば、どのように動くのかを確認しながら学習・習得するのにも便利なしくみとなっています。

マクロが利用できるようになると、Excelの便利さが何ランクも上がります。少々難しいしくみですが、一度時間を取ってチャレンジしてみましょう。それだけの価値がある便利なしくみです。

試して理解するマクロ

　マクロのしくみを詳細に解説するには誌面が足りないため、本書ではそのすべてをご紹介することはできませんが、その代わり、その入り口の部分を体験していただける方法をご紹介したいと思います。

　体験していただき、これなら学習できそう、自分の業務に利用できそうと思った方は、別途、マクロの学習を進めてみてください。

［開発］タブを表示する

　まず、［開発］タブを表示します。リボンのタブ部分を右クリックして表示されるメニューから［リボンのユーザー設定］を選択します。

　すると、図24のように［Excelのオプション］ダイアログが表示されるので、右端のメニューから［リボンのユーザー設定］欄が選択されているのを確認し、右側のリストボックスボックス内から［開発］チェックボックスにチェックを入れて［OK］ボタンをクリックします。

●図24　まず、リボンに［開発］タブを表示するように設定しておく

これでリボンに［開発］タブが表示されます（図25）。［開発］タブにはマクロに関する機能がまとめられているため、マクロ関連で何かをしたい場合には、こちらのタブを見てみるのがよいでしょう。

●図25 ［開発］タブにはマクロに関する機能がまとめられている

【Memo】マクロとセキュリティ

マクロは便利な反面、よく知らないマクロを実行してしまうと、ブックの内容や、PCのデータを破壊したりハッキングに利用されたりという危険性があります。そのため、会社の方針などで全面禁止している場合もあります。また、Excel自体の設定でも、マクロに関するセキュリティ設定を行う項目が用意されています。

●図26 マクロのセキュリティ設定を確認／変更する

このセキュリティ設定は［開発］−［マクロのセキュリティ］から確認／設定可能です。安全面に配慮したうえでマクロを利用したい場合は、「警告して、VBAを無効にする」設定にしておくのがお勧めです。また、マクロが利用できない場合には、こちらの設定を確認してみましょう。

自分の操作をマクロとして記録・実行

　マクロの記録機能を体験してみましょう。[開発] - [マクロの記録] ボタンをクリックすると、図27の [マクロの記録] ダイアログが表示されます。

●図27　[マクロの記録]で、自分が行った操作を記録する

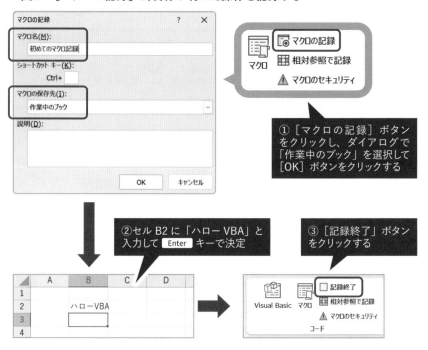

　ダイアログの [マクロ名] 欄に「初めてのマクロ記録」と入力し、[マクロの保存先] 欄には「作業中のブック」を指定して [OK] ボタンをクリックします。これ以降の操作は、マクロとして記録されます。

　セル B2 を選択し、「ハロー VBA」と入力して Enter キーで入力を確定し、[記録終了] ボタンをクリックします。ちなみに [記録終了] ボタンは、[マクロの記録] ボタンと入れ替わりで表示されています。これでマクロの記録の完了です。

　続いて、記録したマクロを実行してみましょう。まず、セル B2 の値を

消去します。続いて、[開発] – [マクロ] ボタンをクリックすると、図28 のような [マクロ] ダイアログが表示されます。

●**図28 ［マクロ］ダイアログから、記録した内容を実行する**

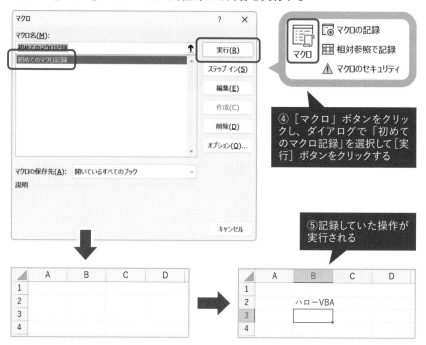

④ [マクロ] ボタンをクリックし、ダイアログで「初めてのマクロ記録」を選択して [実行] ボタンをクリックする

⑤記録していた操作が実行される

[マクロ] ダイアログに表示されるリストから「初めてのマクロ記録」を選択し、[実行] ボタンをクリックすれば記録していた操作が再実行されます。マクロの記録と実行は、このような手順で行います。

【Memo】[相対参照で記録]ボタン

マクロ記録を開始する前に [相対参照で記録] ボタンをクリックしておくと、セル選択の操作が相対参照で記録されます。セル A1 を選択した状態で記録を開始し、セル B2 を選択する操作を記録すると、「現在のセルから 1 行下・1 列右のセルを選択する操作」として記録されます。なお、[相対参照で記録] ボタンはクリックするたびにオン／オフが切り替わります。

マクロの確認・編集方法

　続いて、記録したマクロの内容を確認してみましょう。[開発] – [Visual Basic] ボタンをクリックすると、図29のような画面が表示されます。

●図29　記録されたマクロの内容を、VBE画面で確認する

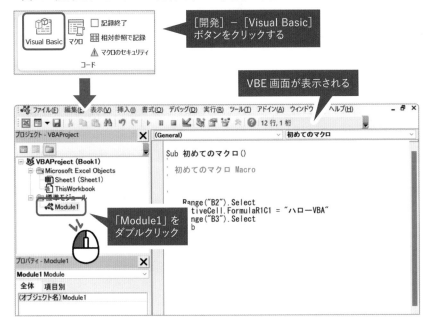

　この画面はマクロのプログラムを確認／編集する専用の「VBE（Visual Basic Editor）」と呼ばれる画面になります。

　VBE画面左上の「プロジェクト」画面から「標準モジュール」フォルダーアイコンのなかにある「Module1」をダブルクリックすると、画面右側にマクロの記録内容が表示されます。この画面右側の部分は［コードウインドウ］と呼ばれ、この場所で「メモ帳」などのアプリと同じようにプログラムのテキストを編集できるようになっています。

　せっかくですので、ちょっとマクロの内容を編集してみましょう。編集する個所は、次の3個所です。

●**図30 記録されたマクロの内容を変更する**

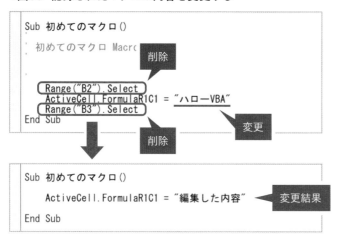

「Range」から始まる2行を削除し、「ハロー VBA」の個所を「編集した内容」に変更します。VBE 画面右上の［×］ボタンをクリックして Excel 画面に戻りましょう。

編集結果を確認するには、セル A1 を選択した状態、そして、セル A2 に選択セルを変更した状態でそれぞれ、マクロ「初めてのマクロ」を実行してみましょう。すると、セル A1、セル A2 に「編集した内容」と入力されたかと思います。

●**図31 編集したマクロを実行する**

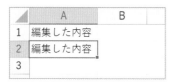

> マクロの内容を編集し、「アクティブなセルに『編集した内容』と入力する」マクロに変更できた

これはマクロの内容からセルを選択する2行を取り除き、入力するテキスト部分を変更したため、「アクティブセルに値を入力するマクロ」となったためです。

マクロ機能はこのような流れで記録・編集を行って、自分がまとめて実行したい機能となるようにプログラムを作成していきます。

マクロを含むブックの保存方法と注意点

　マクロを記録したブックを保存する際には、通常のブック形式と異なる「Excel マクロ有効ブック」形式で保存する必要があります。

　ブックの形式は、保存時に利用する［名前を付けて保存］ダイアログなどの［ファイルの種類］欄から選択できます。

●図32　マクロを含むブックは「xlsm形式」で保存する必要がある

　マクロを含んでいることが分かりやすくなりますね。これで**うっかり知らないマクロが実行されてしまうブックを開く危険性を減らせます。**

　また、マクロを含むブックを開く際には、図33のような警告メッセージが表示されることがあります。自分で作成したマクロや安全が確認されているマクロを利用したい場合のみ、［コンテンツの有効化］などのボタンをクリックしてマクロを利用しましょう。

●図33　マクロを含むブックを開くと表示される警告メッセージの例

　マクロ機能は自動記録した操作を実行するだけでも便利であり、学習を進めてプログラムが書けるようになればさらに便利に活用できます。興味を持った方は、ぜひ、チャレンジしてみてください。

索引&ショートカット集

●ま行

●や・ら・わ行

ショートカットキー	ページ	内容
Alt	150	機能選択の開始
Ctrl + 1	69, 152	［セルの書式設定］ダイアログを表示
Ctrl + Alt + V	142	［形式を選択して貼り付け］ダイアログを表示
Ctrl + A	122, 209	全体選択／テーブル内全体を選択
Ctrl + C	118, 138	コピー
Ctrl + D	131	選択セル範囲に連続データや数式を入力
Ctrl + Enter	37, 134	選択セル範囲に一括入力
Ctrl + F1	39	リボンの展開／折りたたみ
Ctrl + F	224	［検索と置換］ダイアログを表示
Ctrl + G	75, 128	［ジャンプ］ダイアログを表示
Ctrl + PageDown	162	次のシートに移動
Ctrl + PageUp	162	前のシートに移動
Ctrl + Shift + *	123	表全体を選択
Ctrl + Shift + 矢印	124, 125	行・列を端まで選択
Ctrl + S	47, 154	上書き保存
Ctrl + V	138	コピーしておいた内容を貼り付け（ペースト）
Ctrl + Z	155	もとに戻す
Ctrl + 矢印	74	表タイトルを移動
Delete	24	データのみを消去
Enter	136	次の行（下のセル／次の列の先頭セル）に移動
Esc	139	コピーモードを終了
F2	21, 120, 122	セル内編集モードへ移行
F4	35	参照方法を切り替え
F5	128	［ジャンプ］ダイアログを表示
PrintScreen	189	スクリーンショットを撮影
Shift + F10	42	コンテキストメニューを表示
Shift + Tab	127	前のセルへ移動
Shift + 矢印	124	矢印の方向に選択セル範囲を拡張
Tab	127, 136, 208	次の列（右のセル／次の行の先頭セル）に移動／新規レコード行を作成
Windows + Shift + S	189	スクリーンショットを撮影

【プロフィール】

古川 順平 （ふるかわ じゅんぺい）

富士山麓でExcelを扱う案件中心に活動するテクニカルライター兼インストラクター。
著書に『ExcelVBA［完全］入門』『Excel マクロ&VBA やさしい教科書』『社会人10年目のビジネス学び直し 仕事効率化&自動化のための Excel関数虎の巻』等、共著・協力に『Excel VBAコードレシピ集』『スラスラ読める ExcelVBAふりがなプログラミング』等。
趣味は散歩とサウナ巡り後の地ビール。

■ 装丁　西垂水敦・市川さつき(krran)
■ イラスト　坂本伊久子
■ 本文デザイン・制作　オーパスワン・ラボ

Excel仕事のはじめ方
入社1年目からの必須スキルが1冊でわかる

2024年　5月3日　初版　第1刷発行

著　者　古川　順平
発行者　片岡　巖
発行所　株式会社技術評論社
　　　　東京都新宿区市谷左内町21-13
　　　　電話　03-3513-6150　販売促進部
　　　　　　　03-3513-6166　書籍編集部
印刷・製本　日経印刷株式会社

定価はカバーに表示してあります。

本書の一部または全部を著作権法の定める範囲を越え、無断で複写、複製、転載、テープ化、ファイルに落とすことを禁じます。

ⓒ2024　古川順平

ISBN978-4-297-14124-0　C3055
Printed in Japan

【ご質問について】

本書の内容に関するご質問は、氏名・連絡先・書籍タイトルと該当箇所を明記の上、下記宛先まで Fax または書面にてお送りください。弊社ホームページからメールでお問い合わせいただくこともできます。電話によるご質問および本書に記載されている内容以外のご質問には、一切お答えできません。あらかじめご了承ください。
なお、ご質問の際に記入していただいた個人情報は、回答の返信以外の目的には使用いたしません。また、返信後は速やかに削除させていただきます。

■宛先
〒162-0846
東京都新宿区市谷左内町21-13
株式会社技術評論社　書籍編集部
『Excel仕事のはじめ方』係
FAX:03-3513-6183
URL:https://gihyo.jp/book

■訂正・追加情報が生じた場合には、以下のURLにてサポートいたします。
URL:https://gihyo.jp/book/2024/978-4-297-14124-0/support

パソコン仕事術の教科書 ［改訂新版］

中山真敬・著
A5判・320頁
定価（本体1600円＋税）

新社会人も、ベテランも、最短経路でムダなくパソコンスキルを身につけよう。
パソコンを手足のようにあやつり、質の高い成果を出してさっさと定時に帰ろう。

1章　仕事で使うパソコンの基本
2章　仕事を快適にする「設定」変更
3章　メールの仕事術をマスター
4章　ブラウザの仕事術をマスター
5章　Wordの仕事術をマスター
6章　Excelの仕事術をマスター
7章　定番ビジネスアプリの仕事術をマスター